计算机在化学化工中的应用

主　编　吕利平　徐建华　魏顺安
副主编　张淑琼　董立春　诸　林　封京华

西南交通大学出版社
·成都·

图书在版编目（CIP）数据

计算机在化学化工中的应用 / 吕利平，徐建华，魏
顺安主编. —成都：西南交通大学出版社，2017.7
ISBN 978-7-5643-5619-4

Ⅰ. ①计… Ⅱ. ①吕… ②徐… ③魏… Ⅲ. ①计算机
应用 – 化学 – 高等学校 – 教材②计算机应用 – 化学工业 –
高等学校 – 教材 Ⅳ. ①O6-39②TQ015.9

中国版本图书馆 CIP 数据核字（2017）第 176055 号

计算机在化学化工中的应用

主　编 / 吕利平　徐建华　魏顺安	责任编辑 / 牛　君
	助理编辑 / 黄冠宇
	封面设计 / 何东琳设计工作室

西南交通大学出版社出版发行

（四川省成都市二环路北一段 111 号西南交通大学创新大厦 21 楼　610031）

发行部电话：028-87600564

网址：http://www.xnjdcbs.com

印刷：成都中铁二局永经堂印务有限责任公司

成品尺寸　185 mm×260 mm
印张　13.25　　字数　314 千
版次　2017 年 7 月第 1 版　　印次　2017 年 7 月第 1 次

书号　ISBN 978-7-5643-5619-4
定价　35.00 元

前　言

　　由于计算机具有高速计算的能力，使其与传统的化学化工学科不断整合和交叉渗透。化学化工学科中的化学品开发、反应机理研究、设备设计、过程控制、工艺优化、辅助教学等领域都离不开计算机的帮助。对于化学化工专业的学生，熟练应用计算机解决学习、科研、工作中面临的各种问题已成为必备的基本技能。本书根据简明、实用的原则，对化工专业所用的软件，结合相关案例，进行详细讲解。由于本书面向的是应用型高校的化工专业学生，所以对软件的理论和原理上没有过多介绍，着重为学生介绍软件使用的方法。

　　本书分为 5 章，主要包括：化学化工信息检索与管理，Microsoft Office 在化学化工中的应用，Origin 在化学化工中的应用，AutoCAD 在化学化工中的应用，Aspen Plus 在化学化工中的应用等。其中，第 1 章是有关化学化工相关文献、专利、文摘等的检索及文献的管理与应用，也是作为化学化工工作者所必须掌握的内容。第 2，3，4，5 章介绍化学化工中常用的一些软件的使用方法。

　　本书由长江师范学院的吕利平、徐建华和重庆大学魏顺安主编，重庆大学董立春教授，西南石油大学诸林教授等参编。全书由吕利平统稿。陈淑蓉、曾行艳、赵俊程、张继、范文龙、龙春燕、彭波、黄东等同学也参与了本书的文本输入及部分章节的编校工作。

　　本书在编写过程中，参考了大量的科技图书及教材，在此向原作者表示感谢。本书经编者多年编写，并以讲义的形式在长江师范学院试用 3 年，但由于编者水平所限，书中不妥之处在所难免，敬请广大读者和专家批准指正。

编　者

2016 年 12 月于重庆

目 录

1 化学化工信息检索与管理

1.1 化学化工数字信息资源

作为一名化工专业的工作人员，如何从 Internet 上快速准确地获取有用的化学化工信息，已经成为其专业素质的一种象征。那么，Internet 上的化学化工信息有哪些？

按照化学化工信息在 Internet 上的存在形式，主要有以下几种：

（1）化学化工新闻。

（2）化学化工电子期刊。

（3）化学化工图书。

（4）化学化工类会议信息。

（5）专利信息。

（6）化学化工类的数据库。

（7）化学化工类相关的学会、组织、机构、实验室及小组信息。

（8）化学产品目录、电子商务及相关的公司。

（9）化学化工相关的教学资源和应用软件。

（10）化学化工文献。

（11）化学化工的在线服务、在线讨论、论坛等。

1.2 通过 Internet 上的搜索引擎查找目标化学化工信息

1.2.1 百 度

百度（http：//www.baidu.com）是全球最大的中文搜索引擎。2000 年 1 月由李彦宏创立于北京中关村，致力于向人们提供"简单，可依赖"的信息获取方式。其首页如图 1-1 所示。

1.2.1.1 常规检索

可直接在搜索框内输入关键词，如"页岩气"，然后单击"百度一下"按钮（或直接按回车）进行搜索，就可以搜索出关于页岩气相关的信息，如图 1-2 所示。当需要搜索的关键词有两个或两个以上时，可以使用逻辑运算符进行搜索。如空格表示逻辑"与"操作，"-"表示"非"操作。如"页岩气 运输"表示搜索结果须同时含有"页岩气"和"运输"这两个关键词，如图 1-3 所示；如果需要搜索含有"页岩气"且不含有"运输"关键词的结果，则检索时输入"页岩气-运输"，再回车就可以找到相关搜索结果。大写的"OR"表示逻辑"或"操作，如输入"页岩气 or 运输"，表示搜索结果含有关键词"页岩气"或者"运输"。在检索信息时还需要注意，如果检索关键词加上双引号，则代表精确查找。上述逻辑算符可混合使用，搜索引擎将按照从左向右的顺序进行读取。

图 1-1　百度首页

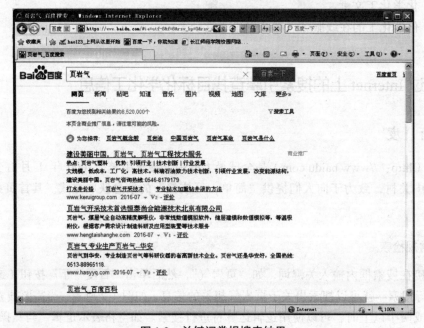

图 1-2　关键词常规搜索结果

002

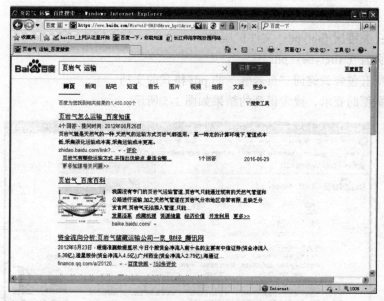

图1-3 逻辑"与"操作搜索结果

此外，在进行百度搜索时，注意使用书名号"《 》"的检索功能的特殊性。其特殊性包含两个方面：一是书名号会出现在搜索结果中，二是被书名号括起来的内容不会被拆分。例如，检索《计算机在化学化工中的应用》教材，可以在检索的时候直接输入"《计算机在化学化工中的应用》"，获得的检索结果，如图1-4所示。

图1-4 "《 》"检索结果示例

1.2.1.2　文档搜索

百度支持对特定格式二进制文件的检索，例如，对微软的 Office 文档（Word，Excel，PowerPoint）、Adobe pdf 文档、rtf 文档进行全文搜索。限定所搜索文档的格式需使用"filetype"

命令。

　　语法为：关键词 filetype：文件扩展名。

　　例如：页岩气 filetype：pdf。

　　表示：所有包含关键词"页岩气"的 pdf 格式的文档。

　　按以上案例的要求，搜索得到的结果如图 1-5 所示。

图 1-5　案例"页岩气 filetype：pdf"搜索结果

1.2.1.3　学术搜索

　　为了方便广大科技工作者，百度还提供了专用的学术检索工具——百度学术搜索（http：//xueshu.baidu.com/），其首页如图 1-6 所示。该检索平台提供大量的中英文文献检索的学术资源，如来自学术著作出版商、专业性社团、各大学及其他学术组织发表的论文、图书和摘要等。

图 1-6　百度学术首页

以搜索"页岩气"相关资料为例，简单介绍百度学术查找文献的步骤。首先，在检索栏输入"页岩气"，点击"百度一下"（或者敲击"回车键"）就可以查看检索结果，检索页面如图1-7所示。百度学术的默认排序方式为相关度，还可以通过调整排序方式来进一步检索，如按"被引量"和"时间排序"等。

图1-7 百度学术"页岩气"相关文献检索结果

同时在检索时也可以进行跨语言检索，如页岩气英文检索结果如图1-8所示。

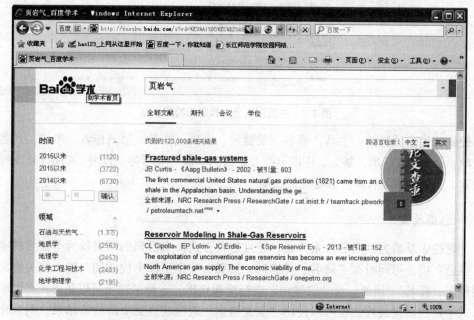

图1-8 百度学术"页岩气"相关英文文献检索结果

1.3 利用数据库检索化学化工文献

1.3.1 中国期刊全文数据库（中国知网）

CNKI（http：//www.cnki.net/），全称国家知识基础设施工程（National Knowledge infrastructure，CNKI），由清华大学、同方知网公司于 1999 年发起，目前已建成世界上全文信息量最大的"CNKI 数字图书馆"。该数据库包含的子数据库有：期刊全文数据库、学位论文数据库、会议论文数据库、中国引文数据库等。本书主要介绍中国期刊数据库。

进入到 CNKI 的首页，选择"中国期刊全文数据库"即可以进入到该数据库的检索页面，检索页面如图 1-9 所示。

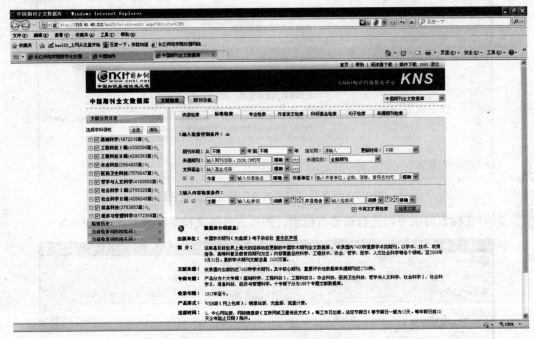

图 1-9　中国期刊全文数据库检索页面

提供的检索项包括：主题，篇名，关键词，摘要，作者，第一作者，单位，刊名，参考文献，全文，年，期，基金，中图分类号，ISSN，统一刊号等。此外，CNKI 还支持多条件检索、二次检索和跨库检索等高级功能。

1.3.1.1　主题检索

主题检索是最为常用的检索方式，通过这种方式检索得到的结果较为全面且精确。选择"主题"项，可同时在"篇名、关键词、摘要"三个字段中检索用户输入的关键词。与单独使用"篇名""摘要"或"关键词"进行检索相比，选择主题项可以获得更多的相关文献。为了避免出现漏检。也可以使用"全文检索"选项获得更多的检索结果，但这样会使得检索的精度变差。

图 1-10 为在篇名中检索"页岩气"关键词的检索结果。除通过关键词检索外，还可以对时间跨度、期刊类别、匹配度等条件进行限定，也可以指定检索结果的排序方式和每页显示数量。

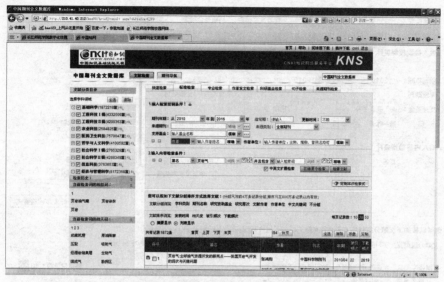

图 1-10　在篇名中检索"页岩气"关键词的检索结果

1.3.1.2　作者检索

在进行科研工作时，需要检索自己感兴趣的作者发表的论文，可以选择"作者"项，其中第一作者检索则只检索该作者以第一作者署名发表的文献。当匹配选项设定为"模糊"时，输入第一作者名"李四"，系统将搜索第一作者姓名中包含"李四"两个字的作者发表的论文。检索结果如图 1-11 所示。

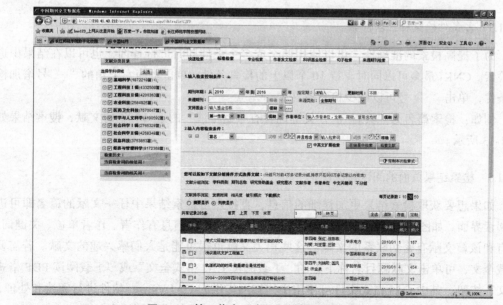

图 1-11　第一作者"李四"模糊匹配检索结果

如果需要精确查找第一作者姓名为"李四"发表的论文，可将匹配选项设定为"精确"，或者增加其他的检索条件来缩小检索范围。通过重新设定检索条件，可以得到新的检索结果，如图 1-12 所示。

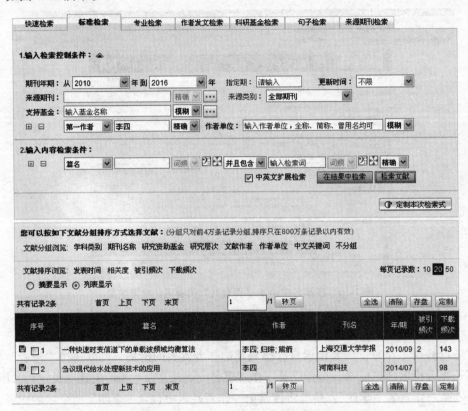

图 1-12　第一作者"李四"精确匹配检索结果

1.3.1.3　多条件检索和二次检索

为了提高检索的准确性，可以使用两个或多个条件同时进行查询，也可以在结果中进行检索。CNKI 最多可以同时支持 10 个以上的检索条件，单击页面左上角的"+"号增加检索条件，单击"−"号可以减少检索条件。

例如：检索篇名为"页岩气"，关键词含有"返排液"的近 10 年的文献，搜索结果如图 1-13 所示。

1.3.1.5　检索结果页面的阅读和保存

如果想要获取检索结果更加详细的信息，直接点击检索结果中任一文献的篇名即可进入阅读界面，如图 1-14 所示。在该界面可以获取到的基本信息有作者、作者单位、关键词，还有和该篇文献有密切联系的文献，这些相关文献也很可能是人们感兴趣的文献。若需要下载全文，可单击文献题目名称下方的"下载阅读 CAJ 格式全文"或"下载阅读 PDF 格式全文"按钮。其中 CAJ 格式文件可使用中国知网提供的 CAJ Viewer 软件进行阅读和处理，PDF 格式的文档则可使用 Adobe 公司的 Acrobat Reader 软件进行阅读和处理。

图 1-13　多次检索结果图

图 1-14　检索结果的阅读页面

1.3.2　科学引文数据库（SCI）

《科学英文索引》（Science Citation Index，SCI）是由美国科学信息研究所（ISI）1961

年创办出版的引文数据库，也是世界著名的四大科技文献检索之首。SCI 收录了自然科学。生物、医学、农业、技术和行为科学等领域、94 个类、40 多个国家、50 多种文字的 12 000 余种重要期刊。所选用的刊物来源国家主要有美国、英国、荷兰、德国、俄罗斯、法国、日本、加拿大等，也收录一定数量的中国刊物。SCI 已成为国际公认的反应基础学科研究水准的代表性工具，世界上大部分国家和地区的学术界将其收录的科技数量的多寡，看做是体现一个国家的基础科学研究水平及其科技实力的指标之一。统计结果显示，我国 SCI 收录科技论文从 2008 年的 11.7 万篇增加到 2012 年的 16.5 万篇，连续五年居世界第二位。

Web of Science 是美国 Thomson Scientific 公司开发的机遇 WEB 的产品，包括三引文库（科学引文索引 SCI、社会科学引文索引 SSCI 和艺术与人文科学引文索引 A&HCI）和两个化学数据库（CCR、IC），以 ISI Proceedings，Derwent Innovation Index，Journal Citation Reports 等。Thomson Scientific 的网站主页为 http: //ip-science.thomsonreuters.com/，ISI。web of Knowledge 的网址为：http：//wokinfo.com/。用户在购买了使用权限后，可登录到 ISI Web of Knowledge 上进行检索，其首页如图 1-15 所示。

Web of Science 的检索途径有 4 种：普通检索（Search）、引文检索（Cited Reference Search）、结构检索（Structure Search）和高级检索（Advance Search）。其中，结构检索需下载并安装 Wos_Chemistry Plugin 插件，用户可以使用该插件画出化合物的结构，然后进行检索。本节主要介绍普通检索方式。

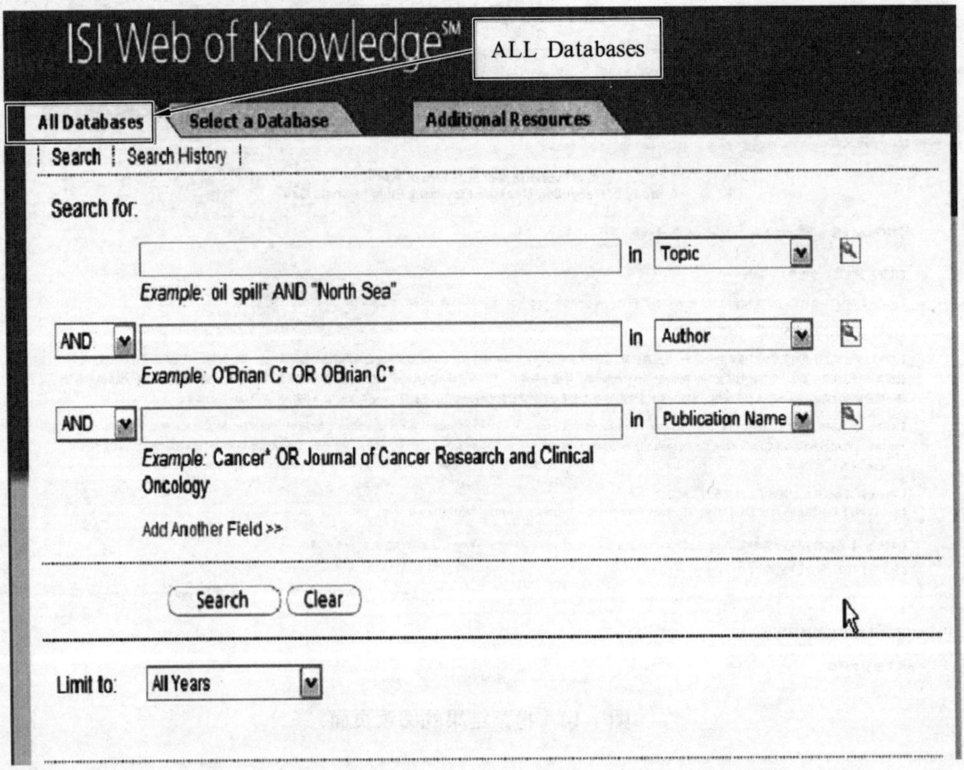

图 1-15　ISI Web of Knowledge 首页

使用普通检索时，用户可直接在搜索栏中输入检索词，如 "carbon nanotubers"，然后单击"检索"按钮即可获得检索结果。为了便于快速找到所需文献，可对检索结果做如下处理。

（1）检索结果排序。

在右上角的"排序方式"栏，可使用下拉菜单选择检索结果的排序方式。可供选择的排序方式有：时间（Latest date）、被引用次数（Time cited）、相关度（Relevance）、第一作者（First author）、文献来源（Source title）和出版年份（Publication year）等。

（2）结果限定。

在左侧的"精炼检索结果"栏中。可以对检索结果进行进一步的限定，常用选项有：二次检索（Search within results for）、文献类型（Document types）、作者（Authors）、文献来源（Source titles）、出版年（Publication years）、研究机构（Institutions）、语种（Languages）、国家/地区（Countries/Territories）等。也可以直接单击"分析检索结果"按钮对检索结果进行更加详细的分析。例如，通过对文献来源的分析可以得到发表该领域论文最多的期刊排行，为投稿指明方向。

（3）检索结果处理。

在检索结果列表的顶部有一排按钮，可以对检索结果进行打印（Print）、发送 E-mail、添加到标记结果列表（Add to Marked List）或导入到 EndNote 文献管理程序等处理。

（4）查看结果。在检索结果列表中可看到的信息包括：文章题目（Title）、作者（Author）、来源（Source）（含期刊名、卷、期、页码、出版年份）和被引次数（Time cited）等。单击搜索结果中任一文献的提名，可以查看其详细信息。SCI 的一大优势就是可以检索到文献之间的相互引证信息。检索者可以单击页面中被引频次（Time cited）后的数字 5015 来查看该文献被别人引用的情况，也可单击引用的参考文献（Reference）后的数字 20 来查看该文所引用的参考文献情况。

1.3.3 Engineering Village Compendex（原工程索引 EI）

Engineering Village（原 Engineering Information Inc. 简称 EI 公司）始建于 1884 年，是爱思唯尔公司旗下的分公司，作为世界领先的应用科学和工程学在线信息服务提供者，它一直致力于为科学研究者和工程技术人员提供专业化、实用化的在线数据信息服务。

Engineering Village Compendex 是目前全球最全面的工程领域二次文献数据库，侧重提供应用科学和工程领域的文摘索引信息，收录了 1969 年至今，源自 5100 种工程类期刊、会议论文集和技术报告的 700 多万篇论文的参考文献和摘要。其范围涵盖了工程和应用科学领域的各学科，涉及机械工程、土木工程、环境工程、电气工程、结构工程、材料科学、固体物理、超导体、生物工程、能源、化学和工艺工程、照明和光学技术、空气和水污染、固体废弃物的处理、道路交通、运输安全、控制工程、工程管理、农业工程和食品技术、计算机和数据处理、电子和通信、石油、宇航、汽车工程以及这些领域的子学科和其他主要的工程领域。

有检索权限的用户在登录进入之后，即可进入图 1-16 所示的 EI 检索页面。EI 的检索方式有 3 种：快速检索（Quick Search）、专家检索（Expert Search）和词表检索（Thesaurus

Search），网站默认的快捷方式为快速检索。在快速检索模式下（图 1-16），用户可在检索栏内输入检索词，选择搜索领域，通过布尔逻辑算符（AND/OR/NOT）组合检索条件；还可以通过"Limit to"区域的下拉列表进行"Document Type""Treatment Type""Language"及时间跨度等的限定；"Sort by"栏用于指定搜索结果的排序方式；选项"Auto stemming off"表示关键词的派生，网站默认值为"Auto stemming on"。若 Auto stemming 为 on，当输入关键词"controllers"时，搜索引擎将同时搜索其派生词，如 control，controller，controlling，controlled，controls 等。

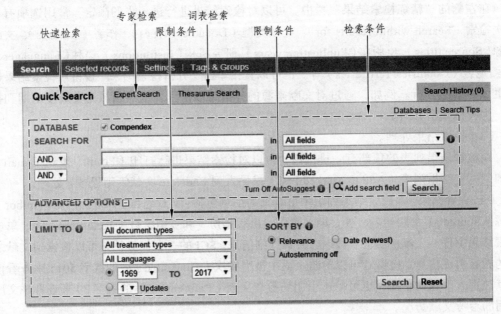

图 1-16　EI 的检索页面

1.3.4　Science Direct

Science Direct 期刊全文数据库系统也是 Elsevier 公司的核心产品，是全球最著名的科技全文数据库之一，其直观友好的使用界面，使研究人员可以迅速链接到 Elsevier 出版社丰富的电子资源，购买权限的读者可在线访问 Chemistry，Chemical Engineering，Computer Science，Energy，Engineering，Earth and Planetary Sciences 六个学科及 Materials Science 学科，从 2003 年到现在的全部期刊全文。

Science Direct 的检索方式有：快速检索（Quick Search）、浏览检索（Browse）和高级检索（Advanced Search）。首页默认为快捷检索模式。用户可以直接在页面首页的搜索框中输入检索条件，如图 1-17 所示。可在"Search all fields"输入框中输入检索主题词；在"Author name"输入框中输入所要查找的作者名；在"Journal or book title"输入框中输入期刊或书籍的提名；还可分别在"Volume""Issue""Page"输入框中指定文献所在的卷、期、页码。输入结束后单击检索按钮即可开始检索。Science Direct 的主题词搜索支持布尔逻辑算符（and，or，not）。

例如，在快速检索模式下查找有关"双效变压精馏"方面的文献，可在"Key words"

输入 "Double Effect Pressure Swing Distillation"，单击检索按钮，即可得到如图 1-18 所示的检索结果。

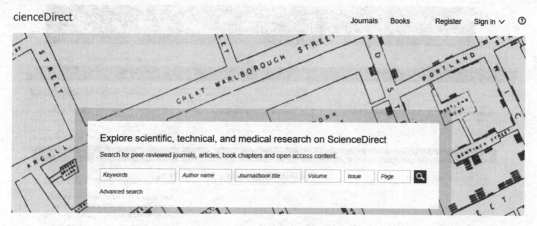

图 1-17　Science Direct 的首页

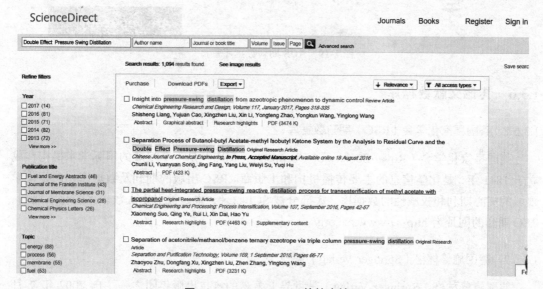

图 1-18　Science Direct 的检索结果

　　检索到的文献的基本信息是以列表的形式出现在检索结果中，主要的文献信息包括文献题名、发表期刊、发表时间、卷、期、页码等。读者可以根据自己的需要选择文献。

1.3.5　美国化学会（ACS）期刊数据库

　　美国化学学会（American Chemical Society，ACS）成立于 1876 年，现已成为世界上最大的科技协会之一，其会员数超过 16.3 万，在国际化学界享有盛誉。该学会拥有很多期刊，推荐期刊：*Energy & Fuels*，*Environmental Science & Technology*，*Industrial & Engineering Chemistry Research*，*Langmuir*，*Macromolecules*，*Nano Letters*。其余期刊请通过 "Journal A-Z"

浏览或通过 "Advanced Article Search."（高级检索）选择 "All Journals" 或选择 "one or more journals" 检索。ACS 期刊的网址为 http：//pubs.acs.org/，其检索界面如图 1-19 所示。

图 1-19　ACS 期刊数据库首页

1.3.6　其他文献数据库

1.3.6.1　英国皇家化学会（RSC）期刊数据库

英国皇家化学会（Royal Society of Chemistry，RSC）是一个权威的国际学术机构，成立于 1841 年，是化学信息的主要传播机构和出版商。RSC 出版的期刊及数据库一向是化学领域的核心期刊和权威性的数据库，大部分被 SCI 收录，也是被引用次数较多的化学期刊。RSC 期刊的网址为 http：//www.rsc.org/。

1.3.6.2　德国施普林格（Springer-Verlag）期刊

德国施普林格（Springer-Verlag）是世界上著名的科技出版集团之一。自 2002 年 7 月开始，Springer 公司在中国开通了 Springer Link 服务，提供其学术期刊及电子图书的在线检索。Springer Link 的所有资源划分为 24 个学科：有建筑学与设计、天文学、生物医学科学、商业和经济、化学、计算机科学、地球科学与地理、工程学、统计学等。其网址为 http：//www. SpringerLink.com。

1.3.6.3　万方数据库

万方数据库收集了自 1998 年至今我国出版的 6 000 余种期刊发表的论文，可提供 PDF 格式的全文下载，支持作者索引、关键词索引等多种检索手段。万方数据库还可提供个期刊的链接地址，其网址为 http：//www.wanfangdete.com.cn/。

1.3.6.4 中国科技文献图书中心

中国科技文献中心可提供 1985 年至今的 500 余万篇中文文献和从 1990 年至今的 450 余万篇外文文献。提供多种检索手段。支持多个关键词同时检索,检索后可提供摘要。中国科技文献图书中心的网址为 http://www.nstl.gov.cn/。

1.3.6.5 重庆维普中文科技期刊数据库

重庆维普中文科技期刊数据库(全文库)源于重庆维普资讯有限公司 1989 年创建的中文科技期刊篇名数据库。其全文和题录文摘版一一对应。现已成为国内各省市高校文献保障系统的重要组成部分。包含了 1989 年至今的近 9 000 种期刊刊载的近 1 600 万篇文献,并以每年 250 万篇的速度递增。内容涵盖社会科学、自然科学、工程技术、农业、医药卫生、经济、教育和图书情报等学科。维普中文科技数据库的网址为 http://www.cqvip.com/。

1.3.6.6 Medline 数据库

Medline 数据库是美国国立医学图书馆提供的著名医学文献摘要库。主要包括化学品和药物方面的文献。可使用关键词。作者名等方式进行检索。检索结果以题录的形式出现,单击题录中的文献题名可查看其摘要。Medline 数据库的网址为 http://www.ncbi.nlmnih.gov/PubMed/。

1.3.6.7 Beilstein/Gmelin 数据库

Beilstein 和 Gmelin 是当今世界上最庞大和享有盛誉的化合物数值与事实数据库,编辑工作分别由德国 Beilstein Institute 和 Gmelin Institute 进行。前者收集有机化合物的资料,后者收集有机金属和无机化合物的资料。印刷本《贝尔斯坦有机化学手册》(*Beilstein handbuch der Organische Chemic*)及《盖墨林无机与有机金属化学手册》(*Beilstein Handbook of Inorganic and Organische Chemistry*)已有一百多年的出版历史,是化学、化工领域最重要的参考工具之一。Crossfire Beilstein/Gmelin 数据库以电子方式提供化学结构、化学反应、化合物的化学和物理性质、药理学和生态数据等信息资源。目前数据库内有超过 700 万种有机化合物、100 万种无机和有机金属化合物、14 000 种玻璃和陶瓷、3 200 种矿物和 55 000 种合金。收录的资料有分子的结构、物理化学性质、制备方法、生物性质、化学反应和参考文献来源,最早的文献可回溯到 1771 年。其中收录的性质数值资料达 3 000 万条,化学反应超过 500 万种。数据库提供多种检索方式。可用化合物的全结构或部分结构进行检索,也可用文字或数值检索,功能强大。网址为 http://www.beilstein.com。

1.3.6.8 美国《化学文摘》CA

美国《化学文摘》(Chemical Abstracts,CA),创刊于 1907 年,由美国化学文献服务社(Chemical Abstract Service,CAS)编辑出版。CA 是涉及学科领域最广、收集文献类型最全、提供检索途径最多、部卷也最为庞大的著名化学类检索工具,每年报道的文限量约 50 万篇,占世界化学化工文献总量的 98% 左右。CA 的在线检索方式有两种,一种是采用 SciFinder

Scholar 是化学文献的在线数据库学术版，整合了 Medline 医学数据库，欧洲和美国等近 50 家专利机构的全文专利资料，以及化学文摘 1907 年至今的全部内容。用户需购买相关权限并下载安装客户端程序进行检索。此外，还可以通过 CAS 的网站主页进行查询。网址为 http：//www.cas.org。

1.4 专利检索

1.4.1 专利、专利文献与专利说明书

专利（Patent）是发明人或设计人所做出的发明。实用新型和外观设计。经申请批准后，在法律规定的有限期内。授予受保护的专利权，即专利权人享有独占利益。专利可分为发明专利，实用新型专利和外观设计专利 3 种类型。

专利文献的内容包括：一切与工艺产权（包括专利权和显著标记权）有关的文献，尤其指专利局出版的公报（专利公报）、专利说明书、专利文献、专刊题录，与专利有关的法律文件、专利检索工具等。据统计有 90%～95%的创新发明最先表现在专利文献中，因此专利文献是及时跟踪科学技术领域最新进展的重要媒介。专利文献的主体是专利说明书，专利说明书包含如下内容：发明的名称、所属技术领域。现有技术、发明的目的、发明的内容、发明的效果、附图及附图简单说明、实施例等。

世界上大多数国家的专利说明书都可以免费检索并下载。常用的专利检索网站有，国家知识产权局（http：//www.sipo.gov.cn）；中国知识产权网（http：//www.cnipf.com）；中国专利信息中心（http：//www.cnpat.com.cn）；中国专利信息网（http：//www.patent.com.cn）；中国专利保护协会（http：//www.ppac.org.cn）；专利知识网（http：//www.tjipo.gov.cn）等。

1.4.2 德温特世界专利创新索引

德温特世界专利创新索引（Derwent Innovation Index，DII）是目前世界上规模较大，影响较广的专利文献信息检索工具。它将世界专利索引（Word Patent Index）和专利引文索引（Patent Citation Index）有机地整合在一起，通过互联网为用户提供专利信息资源。它收录来自 40 多个来自专利机构授权的 3 000 多万项专利和 1 000 多万项基本发明，数据每周更新，可回溯至 1963 年。德温特世界专利创新索引采用 Web of Knowledge 平台，为研究人员提供世界范围的化学、电子电器和工程技术等领域的专利信息。

1.4.3 中国专利检索

中华人民共和国知识产权局中国专利信息检索系统也是检索中国专利的权威网站，可备阅专利说明全文，其检索页面如图 1-20 所示。可根据申请号、申请人姓名、专利名称等进行检索。网址为 http：//www.sipo.gov.cn/zljs/。

中国专利信息网（http：//www.patent.com.cn/）能够检索自 1985 年中国专利法实施以

来至今的 203 万件专利的题录信息。免费用户可浏览专利说明书全文的首页普通和高级用户则可查看全文。

图 1-20　中国专利信息检索系统

1.4.4　美国专利检索

美国专利商标局专利数据库是美国专利检索的权威网站其网址为 http：//patft. uspto. gov/。

在美国专利商标局专利数据库主页上，左侧窗口为授权专利（Issued Patent）检索，可以查询 1976 年至今的授权专利；右侧窗口则为申请专利检索，期限为 2001 年以后申请的专利；中间窗口提供了专利查询所需的公用信息。最常用的检索方法是快速检索（Quick Search）和专利号检索（Number Search）。前者用于一般性检索，后者用于检索已知专利号的专利。美国专利商标局提供美国专利正文。在检索到所需专利后，直接点击其名称即可看到网页格式的专利全文，或继续单击"Pages"按钮查看印刷格式的专利全文。此外，下列两个网址也可提供美国专利的全文下载（PDF 格式），即 http：//www.pat2pdf.org/和 http：//www.lens.org/lens/。

1.4.5　欧洲专利局的 espacenet 数据库

欧洲网站上专利数据库网站（http：//worldwide.espacenet.com/）有欧洲专利局、欧洲专利组织（EPO）成员及欧洲委员会发起建立。该网站从 1998 年夏天开始向公众开放，并以免费形式向公众提供各种专利信息。由于该网站能够同时提供世界上 50 多个国家的专利信息和 20 多个国家的专利说明书全文，且检索方法比较便捷。因此受到科技人员的普遍重视、尤其是其中的"世界专利说明库"已成为多国专利文献检索、同族专利文献检索的首选工具。

欧洲专利局数据库可提供奥地利（AT）、比利时（BE）、加拿大（CA）、丹麦（DK）、法国（FR）、芬兰（FI）、德国（DE）、英国（GB）、希腊（GR）、爱尔兰（IE）、意大利（IT）、日本（JP）、葡萄牙（PT）、西班牙（ES）、瑞典（SE）、瑞士（CH）、美国（US）等国家以及世界知识产权组织（WO）欧洲专利组织（EP）等专利机构的专利全文。专利是以 PDF 文件形式提供的，可以全文下载。

欧洲专利局数据库的主页提供 3 种检索方式，分别为：智能检索（Smart Search）、高级检索（Advanced Search）和分类检索（Classification Search），如图 1-21 所示。

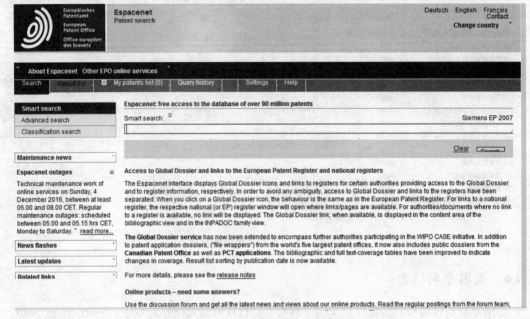

图 1-21　欧洲专利局数据库

下面，我们以一个简单的例子来说明 Espacenet 专利的检索与保存方法。在 Smart search 的收索栏输入"Carbon nanotubes"，单击"Search"，可获得碳纳米管相关的专利。单击感兴趣的专利文献，在打开的页面中可显示专利的名称、日期、发明者及摘要等信息。单击"original document"项，即可打开 PDF 格式的专利说明书全文。单击 ⬇ Download

1.5　Internet 上的物性数据库

1.5.1　美国国家标准与技术研究院（NIST）的物性数据库

可选择分子式、名称、CAS 登录号、结构式、分子量等多种检索方式获得 IR 图谱、MS 图谱、气态解离能等重要的数据。网址为 http：//webbook.nist.gov/chemistry/。

1.5.2　分布式化学数据库统一查询接口 CS ChemFinder

可通过英文名、相对分子质量、CAS 登录号和化学结构式进行查询，提供化合物的基本物性，如熔点、沸点、闪点、密度、在水中的溶解度等。网址为 http：//chemfinder. cambridgesoft.com/。

1.5.3　溶剂数据库 SOLV-DB

可使用分子式、名称、CAS 登录号等多种检索方式，检索常用的 100 多种溶剂的沸点、凝固点、密度等数据，SOLV-DB 数据库还提供了溶剂供应商的名单，以方便使用者。网址为 http：//solvdb.ncms.org/welcome.htm。

1.5.4　国际化学试剂供应商 Aldrich

Aldrich 是世界上最大的化学试剂供应商，在全球设有庞大的销售系统。通过其网站，用户可使用化合物英文名、CAS 登录号、产物登记号和分子式等查询其经销的数万中化学品的熔点、沸点、纯度等数据，Aldrich 还提供了部分化合物的 FT-IR 和 FT-^{1}H NMR 谱。网址为 http：//www.sigmaaldrich.com/chemistry.htm。

1.6　网上化学化工标准

1.6.1　中国标准服务网

中国标准服务网提供我国国家标准和地方标准，同时也包括大量国外的标准资料。进入查阅网页后，可查阅中国标准数据库、国际标准化组织（ISO）标准数据库等 16 个数据库，可以查到标准号等信息，但全文需要收费。网址为 http：//www.cssn.net.cn/。

1.6.2　标准文献的导航站点

利用 http：//www.infogoal.com/dmc/dmcstd.htm 的数据管理标准与组织目录（Directory of Data Management Standards and Organization）网页，可链接到 20 多个国家或组织的标准网站。

习　题

1. 百度检索的逻辑运算符号各有哪些？应如何使用？

2. 使用如下关键词（或自选关键词）在不同数据库中检索文献：共沸物，分离，精馏，双效。

3. 试检索共沸物分离的相关专利文献。

4. 检索下列化合物的熔点、沸点、闪点、密度、溶解度等：

丁烷　　乙酸丁酯　　乙二醇　　二乙胺

5. 通过拟定检索策略，检索"页岩气开发工艺"的相关文献，并写出文献综述。要求：列出每篇参考文献的内容概述，至少 20 篇文献（其中英文 ≥5 篇）。

2 Microsoft Office 在化学化工中的应用

2.1 概　述

　　本章将站在化学化工工作者应用的角度来对 Microsoft Office 软件的一些组件作介绍，目的是要说明利用这个软件能够帮助解决哪些化学化工问题，同时介绍如何使用这些软件来解决化工问题的基本方法。至于如何进一步的深入了解和解决复杂的问题，仍需要读者去阅读有关专门的书籍，本教材只能起到一个引导入门的作用。希望读者通过对本章的学习，能够有效提高利用 Office 解决各种化学化工的文件编辑及排版方面的问题。

2.2 Microsoft Office 在化学化工中的应用

2.2.1 Microsoft Office 软件简介

　　Microsoft Office 是微软公司推出的一个办公应用软件，由微软创作的高效程序，是目前世界上最流行的办公应用软件。与其他所有的办公室应用程序一样，它包括联合的服务器和基于互联网的服务。随着 Windows 操作系统的不断更新，Office 软件也不断推出新的版本。从目前实际应用情况来看大部分用户都是安装的 Office 2007 以上的版本，只有很少一部分用户是安装的 Office 2003 的版本。所有新的版本都具有兼容旧版本的性能，但新版本的文档若想在旧版本中打开，需要安装文件版本转换软件。比如在 2003 版本中打开 2007 以上的版本文件，需要先安装版本转换软件，该软件可去 Office 官方网站下载。这里提醒一下，当高版本中的公式在低版本中打开的时候，编辑的公式会转化成图片，影响打印效果，需要引起注意。

　　从化工行业的应用角度来看，Office 2003 以上的版本软件功能都比较强大，足以应付化工中的大部分问题。本章主要以 Office 2007 为例给大家讲解。Office 软件一般由以下几个主要的软件组成：

　　（1）Microsoft Word——文字处理软件。

　　它被认为是 Office 的主要程序。它在文字处理软件市场上拥有统治份额。它私有的 doc 格式被尊为一个行业的标准。

　　（2）Microsoft Excel——电子数据表程序（进行数字和预算运算的软件程序）。

　　和 Microsoft Word 类似，它在市场拥有统治份额。它最初对于占优势的 Lotus 1-2-3 来说是个竞争者，但最后它卖得比它多、快，于是它成为了实际标准。

（3）Microsoft PowerPoint——产品展示软件。

本软件可以创建由文字组合、图片、电影以及其他事物组成的幻灯片。幻灯片可以在屏幕上显示，并且可以通过阐述者操控，幻灯片也可以使用反映机或投影仪投射到屏幕上。

（4）Microsoft Outlook——是个人信息管理程序和电子邮件通信软件。

请不要把它同微软的另外一款产品 Outlook Express 相混淆，在 Office 97 版接任 Microsoft Mail。它包括一个电子邮件客户端、日历、任务管理者和地址本。

（5）Microsoft Access——跟踪数据。

该软件是 Office 应用程序中的数据库管理程序，主要拥有用户界面、逻辑和流程处理，可以存储数据。

本章主要介绍前面三种软件在化学化工中的应用，后面的几种软件虽然在化学化工中都有应用，但是没有前面普遍，故不作介绍，感兴趣的读者可以自己阅读相关的书籍。

2.2.2 Microsoft Office 在化学化工中的应用背景

化工学科和其他学科一样，需要处理大量的文档工作。比如：化工论文的书写，化工文献的编辑，化工产品的说明。在没有计算机之前，这些工作都得花费人们大量的精力和时间，工作效率十分低下。Office 软件除了能够比较轻松地输入各种文档之外，还可以对文档进行多种编辑。对于化工论文的书写及编辑，Office 常用到的是以下几个方面：

（1）根据需要任意改变字体的大小。

（2）可以任意设定版面的大小。

（3）绘制简单的实验流程方框图，并可以对其进行任意修改。

（4）可利用公式编辑器编辑复杂的数学公式及化学反应式。

（5）可以任意插入各种表格、页码及图形。

（6）任意复制和删除目标内容。

编写化工论文是每一个本专业学生必须具备的能力。除了毕业论文环节需编写毕业论文外，还要编写适合于杂志上发表的科研论文。两者在编写上虽有一定的差别，但主要内容还是相同。对于毕业论文而言，一般需要 3 万～5 万字，而一般的科研论文大多数要求不超过 5～7 千字，关于毕业论文和科研论文的详细组成和结构将在下一章讲解。

2.3 Microsoft Word 在论文撰写中的应用

2.3.1 Microsoft Word 2007 用户界面介绍

Microsoft Word 是目前世界上最流行的文字编辑软件。人们可以用它编排出精美的文档，方便的编辑和发送电子邮件，编辑和处理网页等。本书介绍的版本为 Word 2007，其用户界面如图 2-1 所示，主要包括标题栏、Office 按钮，快速访问工具栏、工具栏、编辑区、状态栏等。

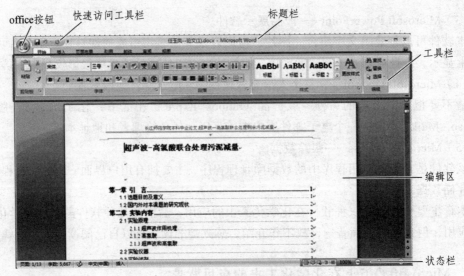

图 2-1　Word 2007 的用户界面

与之前的版本相比，Word 2007 用户界面最主要的变化在于提供了 Office 按钮和新的工具栏。其中 Office 按钮位于 Word 窗口的左上角，其提供了新建、保存、打印等常用的功能和 Word 选项设置命令。快速访问工具栏位于 Office 按钮的右侧，该工具栏主要用来存放用户最经常使用的命令，如保存、打印、撤销、恢复等；快速访问工具栏的右侧是标题栏，用于显示当前打开的文件名及应用程序名称（Microsoft word）；在标题栏的最右端有最小化、还原、关闭按钮。这里提醒大家注意 Word 2007 将先前版本 Word 的菜单栏和工具栏基本功能进行合并，重新设计了新的工具栏，新的工具栏由图 2-1 中框内的部分所示，新的工具栏由多个工具栏面板组成（如开始、插入、页面布局、引用等），每个工具面板包含功能相近或相关的多组按钮，可通过单击工具面板的标题进行切换。Word 窗口中央的空白区域是文档编辑区，可以在此区域内输入文字、插入对象、制作表格等。窗口底部为状态栏，用于显示信息（页数、字数、插入/改写状态等），也可以用来调整显示模式和显示比例。

2.3.2　Microsoft Word 2007 的基本操作

2.3.2.1　文本和符号的输入

如果想在文档输入区输入所需的文字，可以使用 Windows 任务栏上的输入法图标选择合适的输入法，一般使用的输入法为"搜狗拼音输入法"或者"中文（简体）输入法"。对于在写作中遇到的特殊的符号和单位等，可首先单击工具栏上的"插入"标签，在应用工具面板右侧的"符号"按钮和特殊符号按钮打开弹出菜单，选择相应的符号即可插入，如图所示。如果所需符号在弹出菜单中无法找到，可分别使用"其他符号"和"更多"菜单命令打开"插入符号"对话框（见图 2-2）和"插入特殊符号（见图 2-3）"对话框进行插入。

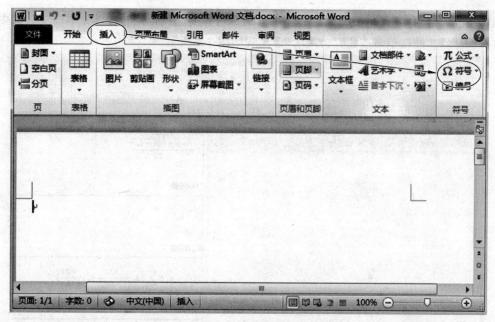

图 2-2　插入符号路径

图 2-3　"插入特殊符号"对话框

2.3.2.2　公式及反应方程式的编辑和输入

（1）公式输入路径。

在化学化工类期刊的阅读中，经常会遇到一些公式，简单的可以解决，一旦遇到一些复杂的公式，该怎么解决呢？此时，公式编辑器可以帮助我们解决一些复杂公式的书写。不管是 Windows XP、Office 2003、Office 2007 系统都有各自公式编辑器，使用方法大同小异。但鉴于时代进步，软件升级实际情况考虑，Office 2007 提供了一个较为全面的公式编辑器，使用方便。下面主要介绍它的使用方法。当需要插入公式时，首先单击工具栏中的"插入"符号，然后单击按钮"公式"，会出现如图 2-4 所示。

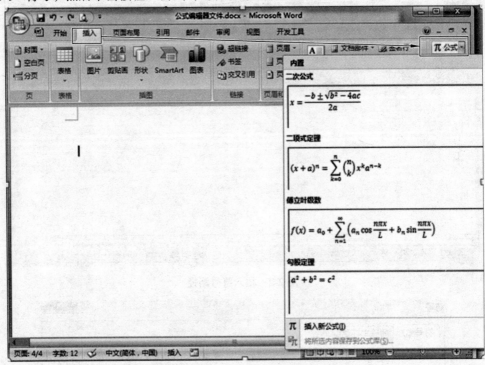

图 2-4　公式输入路径

Word 2007 的内置公式有二次公式，二项式定理，傅里叶定理，勾股定理，和的展开式，三角恒等式，泰勒展开式以及圆的面积公式等。如果输入的公式不在菜单中，则可选择"插入新公式"，打开公式编辑主界面，如图 2-5 所示。

图 2-5　"公式"工具栏主界面

编辑器页面一般由符号和公式结构组成，在符号区，有各类运算符号供我们选择。符号有以下几类：基础数学，希腊字母，字母类符号，运算符，箭头，求反关系运算符，手写体和几何学等；公式结构包括，分数，上下标，根式，积分，大型运算符，括号，函数，导数符号，极限和对数，运算符和矩阵。根据我们具体的需要，可以在以上页面中找到我们所要的结构符号，进而进行公式的编辑和输入。以下通过一个具体的案例来说明公式编辑器的基本操作。

[例1]输入以下公式

$$\begin{pmatrix} m & \sum\limits_{i=1}^{m} x_i \\ \sum\limits_{i=1}^{m} x_i & \sum\limits_{i=1}^{m} x_i^2 \end{pmatrix} \begin{pmatrix} a \\ b \end{pmatrix} = \begin{pmatrix} \sum\limits_{i=1}^{m} y_i \\ \sum\limits_{i=1}^{m} y_i x_i \end{pmatrix}$$

① 单击工具栏中的"插入"按钮，单击"公式"按钮再单击插入新公式，word 会出现如图 2-4 所示页面；

② 单击公式输入区，输入 3 个括号 $(\square)(\square)=(\square)$；

③ 我们不难看出，最左边括号里面是一个 2*2 的矩阵，点击左边的空格，单击结构区域的 [图]，在选择 $\square\ \square$，会得到 $(\square\ \square)$；

④ 单击左上方的空白区域，输入 m，单击下方空白区域，选择大型运算符，选择求和符号 $\sum\square$，在单击符号上方的空白，输入 m，单击下方的空格，输入 i=1，单击右方的空格，此时需要在结构区选择上下标 e^x 上下标，再单击 $\square\square$，在左边的空格输入 x，右边的空格输入 i，此时可得到 $\sum\limits_{i=1}^{m} x_i$；

⑤ 同理，输入矩阵内的其他两个求和符号，可得 $\begin{pmatrix} m & \sum\limits_{i=1}^{m} x_i \\ \sum\limits_{i=1}^{m} x_i & \sum\limits_{i=1}^{m} x_i^2 \end{pmatrix}$；

⑥ 同理，等式中其他两个因式为 2*1 的矩阵，重复上述方法即可得到 $\begin{pmatrix} m & \sum\limits_{i=1}^{m} x_i \\ \sum\limits_{i=1}^{m} x_i & \sum\limits_{i=1}^{m} x_i^2 \end{pmatrix} \begin{pmatrix} a \\ b \end{pmatrix} = \begin{pmatrix} \sum\limits_{i=1}^{m} y_i \\ \sum\limits_{i=1}^{m} y_i x_i \end{pmatrix}$。

（2）反应式输入路径。

化工和其他学科一样，也需要写论文，看文献。在化工文献及论文中，存在大量的化学分子式和反应方程式，前面我们介绍的公式编辑器也可以用来编辑比较复杂的反应方程式，步骤和编辑公式的步骤相似。另外，在编辑比较简单的反应方程式的时候，我们用得最多的就是上下标。我们可以通过在"开始"菜单下的"字体"栏寻找到上下标，如图 2-6 所示。以下通过一个具体的案例来说明公式编辑器的基本操作。

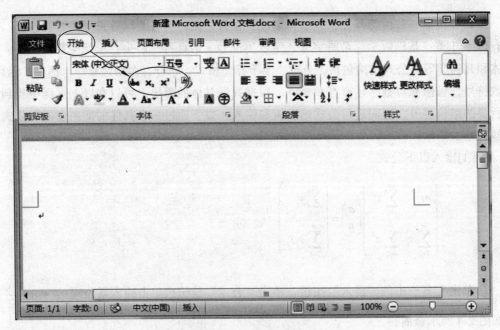

图 2-6　上下标的寻找路径

[例 2]输入下列反应方程式 $2H_2+O_2 \xrightarrow{\hspace{1cm}} 2H_2O$。

① 首先同时按下 CTRL+空格键，将中文输入状态转换成英文输入状态；

② 按下 Caps Lock 键，转换成大写状态；

③ 依次输入"2、H"，然后点击常用工具栏中的下标功能键，使其反白，再输入 2，然后再点击下标功能键，使其恢复正常；

④ 依次输入"+、O"然后点击常用工具栏中的下标功能键，使其反白，再输入 2，然后再点击下标功能键，使其恢复正常；

⑤ 输入"=、2、H"，和前面一样的方法输入下标，最后输入"O"，就完成了该化学反应方程式的输入。

2.3.2.3　表格的设计和编辑

为了简单明了的表达实验条件或实验结果，在化工论文、文献和书籍中需要用到大量的表格。作为一名合格的化工专业人士，必须要学会合理的设计和编辑表格。本小节将为大家介绍表格的制作及编辑方法。

（1）表格的制作。

如果你想在文档中插入表格，你必须要先设计好所需的表格的大致内容和规格，以免进行不必要的重复工作。最简单的表格制作方法是使用"插入"工具栏上的"表格"按钮，打开如图 2-7 所示的弹出式菜单。

图 2-7 "插入表格"弹出式菜单

可以使用该菜单上的"插入表格"区域插入表格。当鼠标在插入表格区域上移动时，Word 会自动在菜单顶部的标题栏显示插入表格的大小，选定所需要的行列数后单击鼠标即可插入表格。

（2）三线表的制作。

国际上通用的表格是三线表，该表具有结构严谨、条理清晰，读者易于理解的特点。该表共有三条横线组成，其中第一条和第三条线很粗，第二条线较细。在第一和第二条线之间输入称之为表头的表中内容说明，对于有些数据而言还包括数据的单位等。在第二条线和第三条线之间，输入和表头对应的内容。下面来看一下离心泵特性曲线测定的实验数据表。

以表 2-1 为例，给大家具体介绍表格的制作和编辑过程。

表 2-1　离心泵实验数据

流量 $q/\text{L} \cdot \text{s}^{-1}$	压头 H/m	效率 $\eta/\%$	管路阻力 He/m	功率 P/kW
0	11	0	6	2
2	10.8	15	6.096	2.04
4	10.5	30	6.384	2.08
6	10	45	6.864	2.12
8	9.2	60	7.536	2.16
10	8.4	65	8.4	2.2
12	7.4	55	9.456	2.24
14	6	30	10.704	2.28

首先设计表格为 9 行 5 列，行间距可以选择自动，列间距可根据一行的总长度进行调整，具体操作如下：

①点击工具栏中的"插入"标签选择表格工具栏，可以看到插入表格区域的表格最多只有 8 行，而我们需要的表格是 9 行。这时，可以在图 2-8"插入表格"弹出式菜单中单击

"插入表格"，打开"插入表格"对话框，如图 2-8 所示。在表格尺寸中设置需要的列数为 5，行数为 9，在"自动调整"操作中选定表格的格式，这里选择格式为"根据窗口调整表格"，单击"确定"按钮即可插入表格；

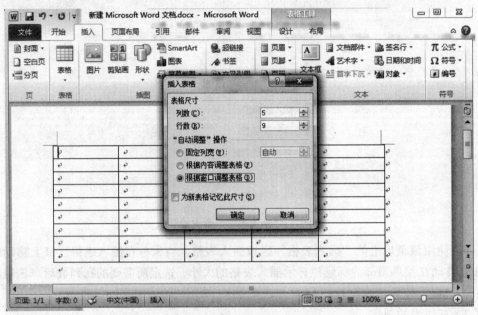

图 2-8 "插入表格"对话框

② 在表格的各项中输入相应的内容，并利用工具栏中的居中功能，将文字居中；

③ 选中表格，在选中表格的区域右键单击即弹出一个对话框如图 2-9 所示，选中"边框和底纹"，即可以弹出表格线条选择图，如图 2-9 所示。

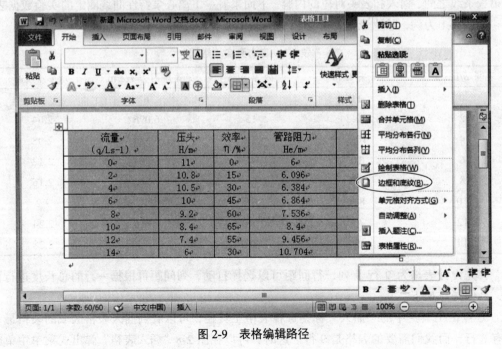

图 2-9 表格编辑路径

④ 在表格选择图中，首先设置宽度为 2.25 磅，选择只有上下两条线条的图示（见图2-10），同样的方式绘制第二条线，整个表格就完成了设计和编辑工作。

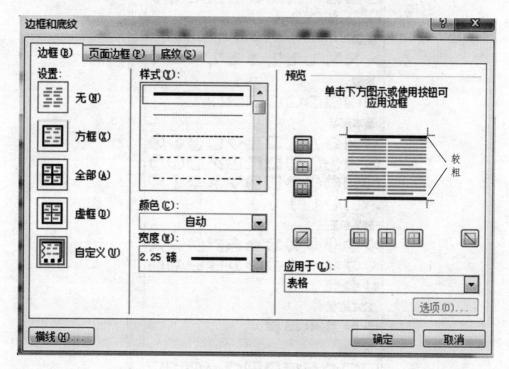

图 2-10　表格线条选择图

2.3.2.4　流程图的制作和图文混排

化工论文和专业文献书籍中除了大量的文字和表格外，还有大量的图。这些图大致可以分为两类，一类就是带坐标的实验数据图，一类是实验流程图和计算机程序图，不同的图根据不同的实际情况会有不同的输入方法，从而选择的绘图工具也不尽相同。

（1）流程图的绘制。

对于实验数据图大多采用 Excel 或者 Oringin 绘制，对于实验流程图及计算机程序图可以采用 Auto CAD 或者用 Word 本身的绘图工具进行绘制。这里针对如何使用 Word 本身的绘图功能绘制流程图进行简单的介绍。

首先应该先对需要绘制的流程图进行设计，大致的流程顺序要基本成型，然后通过"插入"标签下的"形状"菜单，找到插入形状菜单如图 2-11 所示，通过新建绘图画布，绘制流程图。

现以图 2-12 乙烯生产聚乙烯的工艺方框流程图为例，给大家介绍流程图的绘制步骤。

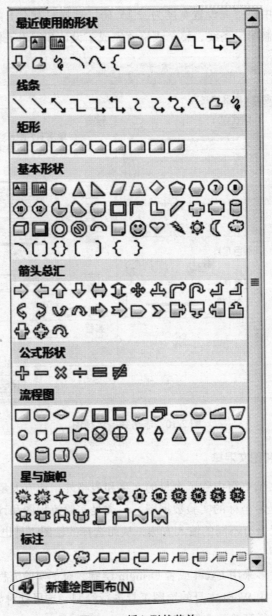

图 2-11 插入形状菜单

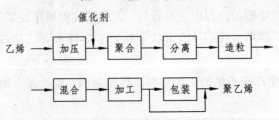

图 2-12 乙烯生产聚乙烯的工艺方框流程图

①在文档编辑区建画布；

②点击"插入"标签中的插图"形状""矩形"，进行"复制"和"粘贴"操作，如图

2-13 所示；

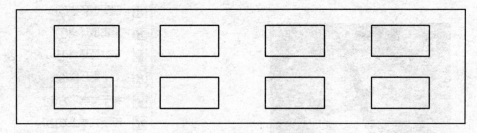

图 2-13　流程基本单元

③ 在所建立的矩形之间加上箭头和短线，构成基本流程图外形，如图 2-14 所示；

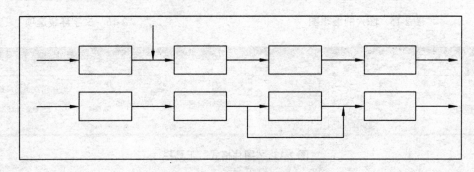

图 2-14　流程图的基本外形

④ 在矩形中添加相关的文字，流程图基本就完成了。如果在绘图时，目标移动不到合适的位置，可以采用 Ctrl+上/下/左/右键进行移动，该种方式可以将目标进行微调。如果需要对文字图形进行填充可以通过选中图片，右键，设置图片格式"线条""线条颜色"进行调整即可。

这里需要说明一下，Word 为用户提供了智能图形工具 SmartArt 图形，该工具可用于绘制流程图、层次图等。其使用路径是"插入"标签下的插图菜单 SmartArt 图形 。

（2）图片格式设置。

① 图片的编辑，将图片插入到文档后，可根据排版需要编辑其位置、大小。方法为：首先左键单击所要操作的图片（流程图，剪贴画等），在图片的四周会出现选择框和 9 个调整手柄，如图 2-15 所示。其中拖动最上方的手柄可旋转图片，拖动其余手柄可调整图片的大小，也可直接用鼠标拖动图片来改变其位置；

② 文字环绕设置，通过文字环绕设置改变可以改变文字和图片的相对位置，文字对图片的环绕有嵌入型、四周型、紧密型、穿越型、上下型等方式，可以根据排版需要加以选用。设置文字环绕的方法：单击选择图片，在右键菜单中选择"文字环绕"命令，在弹出菜单中选定文字环绕方式，如图 2-16 所示；

③ 图片格式的设置，图片格式设置包括颜色、线条、阴影等，可在选中图片后，应用右键菜单的"设置图片格式"命令打开"设置图片格式"对话框进行设置，如图 2-17 所示。

图 2-15　图片的编辑图　　　　　　　　　　2-16　文字环绕选项

图 2-17　"图片格式"工具栏

图片工具栏中的常用工具包括："调整"面板，可设置图片的对比度和亮度，对图片进行重新着色、压缩图片等；"图片样式"面板，在样式库中选择所需的图片样式，或者手工设置图片形状、边框和效果；"排列"面板，用于设置图片位置、文字环绕、组合、旋转等，"大小"面板，包括裁剪工具及图片大小设置功能。

2.4　Microsoft Excel 在化工中的应用

2.4.1　Microsoft Excel 功能简介

Microsoft Excel 是目前性能最佳的电子表格系统之一，是微软公司在 Windows 环境下开发出的电子表格材料，是办公自动化中非常重要的工具，Excel 不仅拥有强大的计算能力和丰富的图表、图形功能，还可以处理数学公式和文本，支持 VBA 宏命令和函数。系统具有人工智能的某些特性，可以在某些方面判断用户下一步操作，使得使用起来极为简便。Excel 强大的计算分析功能，使得它在应用广泛，在日常工作中作用越来越大。主要有以下几个方面：

① 表格制作；

② 强大的计算功能；

③ 丰富的图表；

④ 数据库管理；

⑤ 分析与决策；

⑥ 数据共享与 Internet；

⑦ 开发工具 Visual Basic。

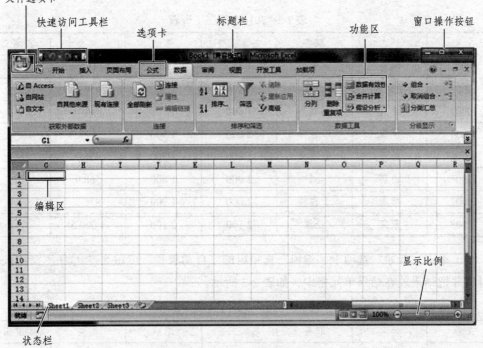

图表 2-18　Excel 2007 的用户界面

Excel 2007 的用户界面如图 2-18 所示，由程序窗口和工作簿窗口组成，程序窗口包括：标题栏，Office 按钮，工具栏，编辑栏和状态栏等；工作簿窗口包括行标和列标、工作表格区和工作表标签等。工作簿是一个 Excel 文件，用来存储并处理工作表数据；工作表是存储和处理数据的一个二维表格，默认情况下，分别命名为 Sheet1，Sheet2，Sheet3；单元格组成工作表，工作表中行列交汇处的区域称为单元格，保存数值，文字、图表、公式等数据。

有时需要对多个单元格进行操作。比如求和、求平均值、方差等。Excel 里有相应的公式，可以供我们使用。

在化工数据处理中，经常用到表格制作，计算功能，图表三项功能，将化工产品的需求信息制成图表，更重要的是用 Excel 的规划求解和单变量方程的求解解决了许多化学化工问题。

2.4.2　Microsoft Excel 基本计算功能

Excel 允许使用者利用通用放入编程公式，灵活地编写各种计算公式，获得使用所需要的数据，对化学化工实验数据处理和工艺计算式非常有帮助。

比如，我们在日常生活中经常会碰到的求和问题，Excel 具有自动求和功能，来进行计算。单击"开始"选项卡"编辑"选项组的"自动求和"按钮 **Σ 自动求和 ▾**，或者单击"公式"选项卡"函数库"选项组的"自动求和"按钮均可完成。在"自动求和"按钮的右侧有黑色下拉按钮，单击后弹出函数下拉列表，有"平均值、最大值、最小值和其他函数"供用户选择。

（1）选择要存放的单元格，或者把要计算的数据区一起选中如表 2-2 所示。

表 2-2　2014 年职工工资表

工号	姓名	职务	基本工资	津贴	奖金	实发工资
10001	城实	销售员	1 800	1 700	625	
10002	王晓晓	会计	1 900	1 800	456.6	
10003	李天	销售员	1 800	1 700	467	
10004	阮毅	工程师	2 000	1 900	879	
10005	彭泽	销售员	1 800	1 700	456.7	
10006	白雪	会计	1 900	1 800	568.9	
10007	李果	工程师	2 000	1 900	876.3	
10008	宋美	经理	2 100	2 100	1 000.5	

（2）单击"开始"选项卡"编辑"选项组的"自动求和"按钮 **Σ 自动求和 ▾**，Excel 自动计算并把结果放在结果单元格中，如表 2-3 所示。

表 2-3　2014 年职工工资结算表

工号	姓名	职务	基本工资	津贴	奖金	实发工资
10001	城实	销售员	1 800	1 700	625	4 125.0
10002	王晓晓	会计	1 900	1 800	456.6	4 156.6
10003	李天	销售员	1 800	1 700	467	3 967.0
10004	阮毅	工程师	2 000	1 900	879	4 779.0
10005	彭泽	销售员	1 800	1 700	456.7	3 956.7
10006	白雪	会计	1 900	1 800	568.9	4 268.9
10007	李果	工程师	2 000	1 900	876.3	4 776.3
10008	宋美	经理	2 100	2 100	1 000.5	5 200.5

Excel 允许使用者利用通用放入编程公式，灵活地编写各种计算公式，获得使用所需要的数据。对化学化工实验数据处理和工艺计算式非常有帮助，以下述例 2 进行说明。

[例 2]：利用 Excel 计算实验平均浓度。

如在液体流动浓度试验的数据测量中，需要计算时间段的平均浓度，如果测量的间距不均匀，就需要使用公式进行积分计算确定其平均浓度。

如：
$$\overline{C} = \frac{\int CVdt}{\int Vdt}$$

由于实验数据是离散的，将上面的积分公式离散化，并考虑到流量不随时间改变这个特点可得离散化的公式如下：

$$\overline{C} = \sum_{i=0}^{6} \frac{c_i + c_{i+1}}{2} \times (t_{i+1} - t_i)/(t_6 - t_0)$$

具体操作步骤如下：

① 现在 ABC 三列中分别输入时间，浓度，流量等数据，然后点击 D4 单元，点击左上角 ""，在公式编辑栏中输入 "=（B6+B5）*（A6-A5）/2"，也可以通过点击单元格输入 B6、A5 等数字，如图 2-20 所示；

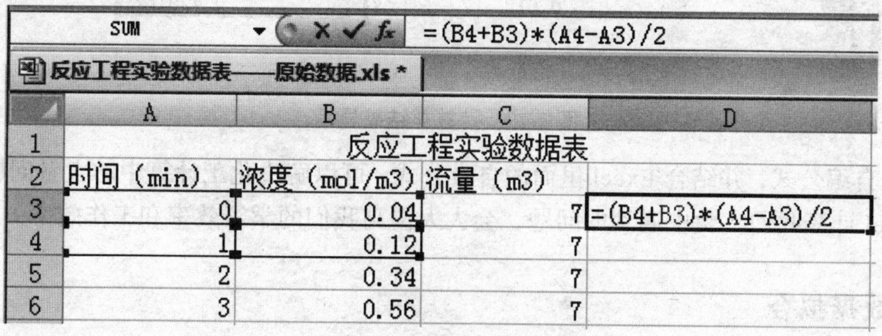

SUM		f_x	=(B4+B3)*(A4-A3)/2	
图 反应工程实验数据表——原始数据.xls *				
	A	B	C	D
1	反应工程实验数据表			
2	时间（min）	浓度（mol/m3）	流量（m3）	
3	0	0.04	7	=(B4+B3)*(A4-A3)/2
4	1	0.12	7	
5	2	0.34	7	
6	3	0.56	7	

图 2-20 自编公式输入

② 回车后 D3 单元格会显示计算结果，然后点击 D3 单元格，鼠标移到右下角会显示"+"号，然后按住鼠标左键向下拉动到 D8 放手，这时会发现这些单元格都充满了数据。其计算公式都是和 D3 相对成立的，如图 2-21 所示；

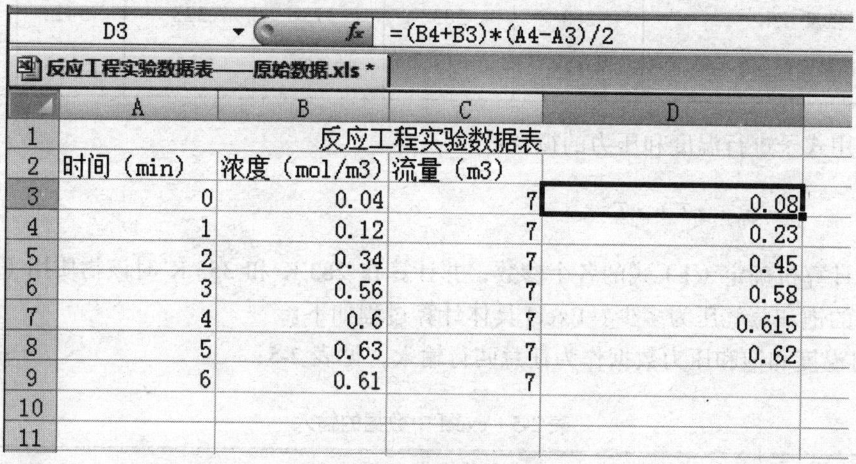

D3		f_x	=(B4+B3)*(A4-A3)/2	
图 反应工程实验数据表——原始数据.xls *				
	A	B	C	D
1	反应工程实验数据表			
2	时间（min）	浓度（mol/m3）	流量（m3）	
3	0	0.04	7	0.08
4	1	0.12	7	0.23
5	2	0.34	7	0.45
6	3	0.56	7	0.58
7	4	0.6	7	0.615
8	5	0.63	7	0.62
9	6	0.61	7	
10				
11				

图 2-21 自编公式计算结果

③点击 D9 单元格（作为存放平均值的单元格），然后点击工具栏中的 " Σ ▾ "，再单击右边的箭头，在下拉菜单中选择 "求和"，并在公式编辑栏中输入 "/6"，=SUM(D3:D8)/6 ，因为实验总时间为 6，然后回车，可以通过点击这个符号改变小数点的位置 " 数字 "，如图 2-22 所示，就出现了结果 0.42916。

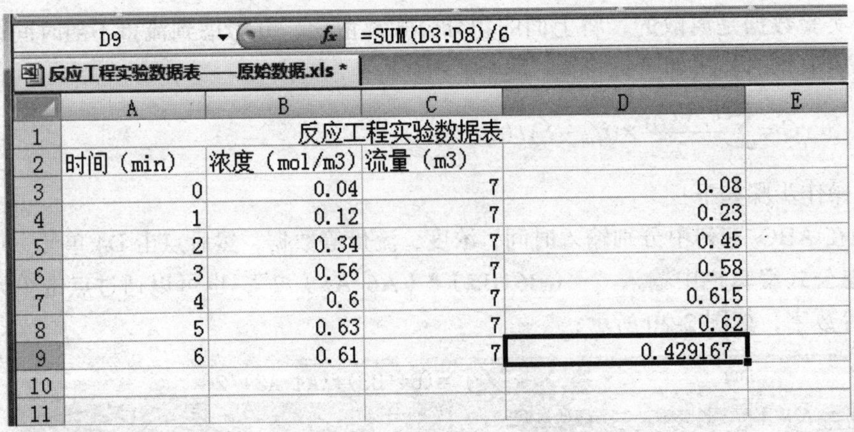

图 2-22 计算总结果显示

通过自编公式，并结合 Excel 里面的自带公式，可以解决化工计算中的大量问题，学会使用 Excel 计算我们实验中遇到的问题，会大大提高我们的学习效率和工作效率。

2.4.3 数据拟合

在我们做实验的过程中，遇到的一些形式较简单拟合问题，也可以方便通过 Excel 来计算拟合数据。如实验测得某醇类物质温度和饱和蒸气压的数据，如表 2-4 所示。

表 2-4　温度和饱和压力关系

温度 T/K	283	303	313	323	342	353
饱和蒸气压 p/kPa	0.125	0.474	0.752	1.228	2.177	2.943

现拟用式子进行温度和压力的拟合：

$$p = a_0 + a_1 T + a_2 T^2 \tag{1}$$

试用计算机确定（1）式的各个参数，并计算在 283 K 和 353 K 时该物质用（1）式拟合计算时的饱和蒸气压为多少？Excel 具体计算过程如下。

① 将温度和饱和压力数据作为任意两行输入，见表 2-5；

表 2-5　excel 中数据的输入

温度和饱和蒸气压关系						
温度（K）	283	303	313	323	342	353
饱和蒸气压（$p/\text{kgf} \cdot \text{cm}^{-2}$）	0.125	0.474	0.752	1.228	2.177	2.943

② 选中两行数据之后，点击菜单栏中的"插入"，再其下拉式菜单中选择"图表"，再选择"XY 散点图"，见图 2-23，再点击确定；

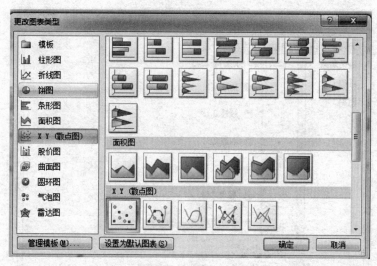

图2-23 绘图类型选择

③ 此时，将鼠标移到数据点上，单击右键，选择添加"趋势线"，出现图2-24，再选择"多项式"，默认阶数是2，此题的阶数也是2，所以不用更改，再选择"显示公式""显示R平方值"，如图2-25，最后点击关闭；

④ 根据图2-26的初步趋势线，可以得到式中的三个系数，但第一个系数只有一位有效数字显示，如将数据直接拿来使用，会造成很大误差，而$R^2=0.999\ 4$，表明回归相关性很高，此时，选中公式，单击右键，选择"设置趋势线标签格式"，出现图2-27，再选择"数字"中的"数字"，再将小数点位数设置为8，点击关闭。最后出现图2-28，此时可见a_0有5位有效数字，将$x=273$和383分别带入（1）中的计算公式，得饱和压力为$0.122\ 2\ kg/cm^2$和$2.935\ kg/cm^2$，和实际测量结果非常相近，表明拟合方法正确，效果好。

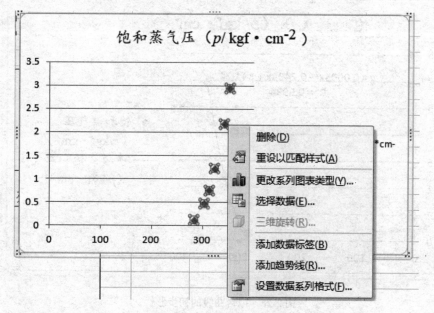

图2-24 设置添加趋势线

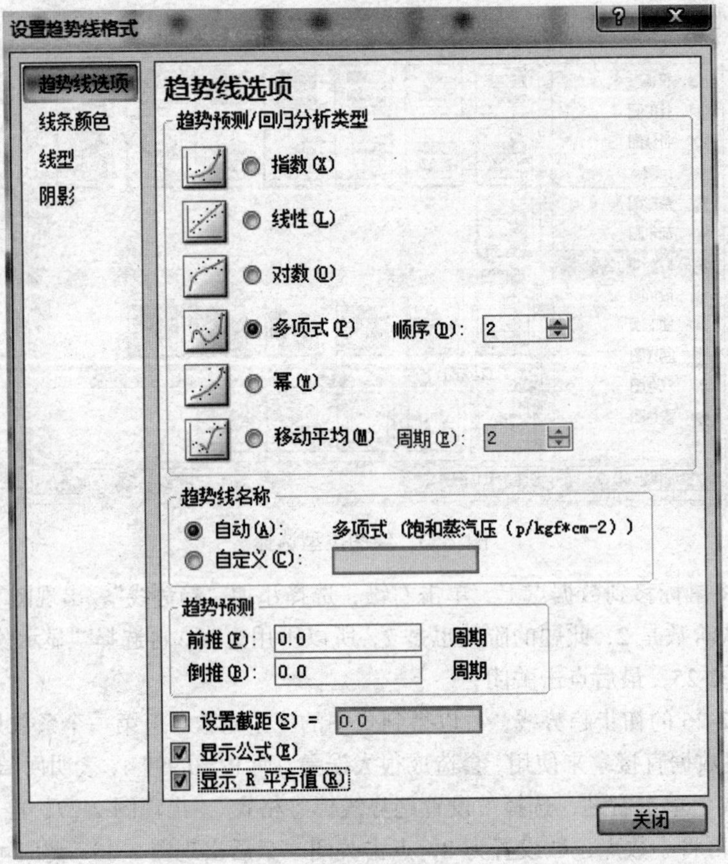

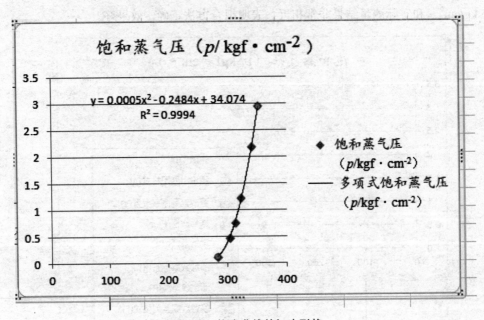

图 2-25　设置趋势线格式

图 2-26　拟合曲线的初步形状

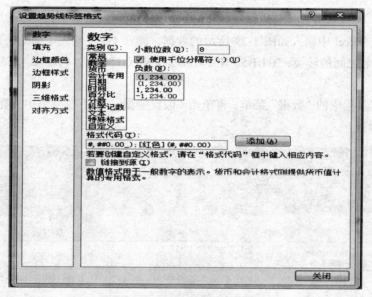

图 2-27 设置趋势线标签格式

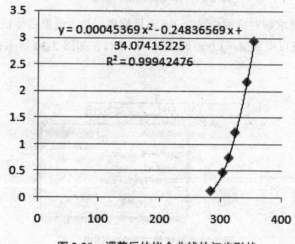

$y = 0.00045369 x^2 - 0.24836569 x + 34.07415225$

$R^2 = 0.99942476$

图 2-28 调整后的拟合曲线的初步形状

2.4.4 单变量规划求解

对于单变量求解，Excel 有现成的计算工具，只要处置选定合理，方程本身又有解，基本都有解。在化工管道设计中，经常需要确定管道的摩擦系数以便确定泵的输送功率，现已知雷诺系数 Re 在 $1\,000 \sim 5\,000$，某管道内流体流动时摩擦系数 λ 和雷诺系数 Re 具有以下关系：

$$\left(\frac{1}{\lambda}\right)^{0.5} = 1.8 - 2\lg\left(0.15 + \frac{18.7}{Re\lambda^{0.5}}\right) \tag{2}$$

现需要计算 Re 在 $1\,000 \sim 5\,000$ 的 5 个点处的 λ 值。现介绍 Excel 的单变量求解方法来

求解 λ。

① 首先在 Excel 中输入如图 1-29 所示的数据，并在 C5 下输入下面的公式，注意常用对数和自然对数之间的转换，"（1/B5）^0.5-1.8+2*LN（0.15+18.7/（A5*B5^0.5））/LN（10）"回车；

② 点击工具栏中的"数据"菜单，再单击"假设变量"，在下拉菜单中选择单变量求解，如图 2-29 所示；

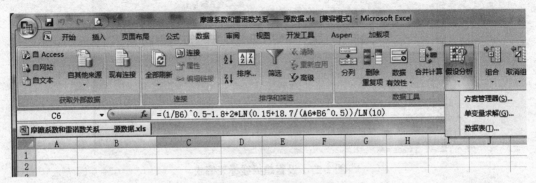

图 2-29　单变量求解的路径

③ 在弹出的单变量求解对话框中选择 F5 为目标单元格，设置目标值"0"选择 E5 为可变单元，选择确定，就可得到 Re=1 000 时，λ=0.100 1，如图 2-30 所示；

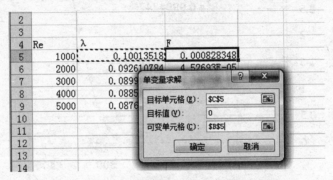

图 2-30　单变量求解的对话框

④ 将 F5 通过拉动填充到 F6～F9，重复以上步骤，可得所有解，如图 2-31 所示。

Re	λ	F
1000	0.10013518	0.000828348
2000	0.092610784	4.52693E-05
3000	0.089905766	-2.14078E-06
4000	0.088538531	-0.00056341
5000	0.087659353	-4.50706E-05

$$\left(\frac{1}{\lambda}\right)^{0.5} = 1.8 - 2\lg\left(0.15 + \frac{18.7}{Re\,\lambda^{0.5}}\right)$$

图 2-31　所有的解列表

2.5 最优化与 Excel 规划求解

2.5.1 化工最优化问题

优化方法和理论来源于军事、管理和经济。尤其是第二次世界大战中提出的很多问题均是优化问题，诸如搜索潜艇问题、布雷问题、轰炸以及运输问题等。第二次世界大战后，优化方法的应用由军事问题转入民用问题，提出了现代管理的理论和办法，如工程设计、计划管理等。

化工最优化问题：通过调整化工过程中各单元设备的结构、操作参数等决策变量，使得系统的某一目标或多个目标（经济指标、环境、安全、效率等）达到最优化。

常见的最优化问题：① 厂址选择；② 拟采用的工艺和规模优化；③ 设备设计和操作参数优化；④ 管道的尺寸设计确定和管线布置；⑤ 维修周期和设备更新周期的确定；⑥ 最小库存量的确定；⑦ 原料和公用工程的合理利用；⑧ 污染物处理方法的优化等。

2.5.2 化工最优化问题的几个基本概念

最优化问题：在数学上，最优化问题是指给定一个函数，在一定的约束条件下寻找使目标函数达到最优（最大、最小或特定的目标值）的一组（或多组）决策变量的问题。

最优化问题可表示为以下标准数学形式：

$$\min J = F(w,x)$$
$$\text{s.t. } h(w,x) = 0$$
$$g(w,x) \geqslant 0$$

2.5.3 化工最优化中常见的几个概念

1. 目标函数（性能函数、评价函数）

用于定量描述最优化问题所要达到的函数关系。常见的目标函数：成本、效益、能耗、环境影响、总时间等。

2. 优化变量（决策变量与状态变量）指最优化模型中涉及的全部变量向量

决策变量：可以独立变化以改变系统目标函数取值的变量。系统中的决策变量个数等于系统的自由度。

状态变量：决策变量的函数，其值不能自由变化，而服从于描述系统行为的模型方程。

3. 约束

由于各种原因施加于优化变量的限制，确定了变量之间必须遵循的关系。化工最优化中常见的约束：物料平衡、热量平衡、相平衡。约束分类可分为等式约束和不等式约束。

4. 可行域

满足全部约束的决策变量取值方案集合。

2.5.4 化工最优化问题的分类

（1）按照最优化问题的目标分类结构优化问题。

流程方案的优化参数优化：在给定的流程结构条件下进行的，其优化对象主要是化工过程系统的各项参数，如温度、压力、回流比等。

（2）按照最优化问题有无约束分类无约束优化。

最优化问题对决策变量及状态变量没有任何附加限制，问题的最优解是目标函数的极值。有约束优化：对决策变量及状态变量有一定限制的最优化问题称为有约束优化。

（3）按照目标函数和约束条件的特性分类线性规划。

目标函数及约束条件均为线性函数的最优化问题称为线性规划。线性规划是最优化方法中解法较为成熟的一类问题。非线性优化：若目标函数或约束条件中至少有一个为非线性函数，则称该问题为非线性优化。

2.5.5 线性规划

1. 线性规划的基本理论，涉及线性规划的标准数学形式。

$$\min(\max) \ c_1x_1 + c_2x_2 + \cdots + c_nx_n$$

$$\text{s.t. } a_{11}x_1 + a_{12}x_2 + \cdots + a_{1n}x_n = b_1$$

$$\vdots$$

$$a_{m1}x_1 + a_{m2}x_2 + \cdots + a_{mn}x_n = b_m$$

$$x_1, x_2, x_n \geqslant 0$$

$$b_1, b_2, b_n \geqslant 0$$

2. 线性规划模型的标准化，步骤如下：

① 目标函数的标准化。对于求极大值问题，如目标函数为税前利润、净利润、连续操作时间等的问题，可做如下变换：

$$\max(J) = \min(-J)$$

② 把不等式约束转化为等式约束；

对于小于等于型不等式：

$$a_{i1}x_1 + a_{i2}x_2 + \cdots + a_{in}x_n \leqslant b_i$$

引入松弛变量：

$$y_i \geqslant 0$$

将不等式化为

$$a_{i1}x_1 + a_{i2}x_2 + \cdots + a_{in}x_n + y_i = b_i$$

对于大于等于型不等式：

$$a_{i1}x_1 + a_{i2}x_2 + \cdots + a_{in}x_n \geqslant b_i$$

引入剩余变量：

$$y_i \geqslant 0$$

将不等式化为：

$$a_{i1}x_1 + a_{i2}x_2 + \cdots + a_{in}x_n - y_i = b_i$$

③ 将自由变量转化为非负变量。

对于无非负限制的自由变量 x_k，可变换为两个非负变量的差的形式：

$$x_k \in (-\infty, +\infty) \Rightarrow x_k = x_k' - x_k'' \qquad x_k' \geqslant 0, x_k'' \geqslant 0$$

2.5.6 线性规划问题的常用求解方法图解法

该法是采用作图的方式获得规划问题的可行域和目标函数的最优解，适用于涉及变量和约束较少的线性规划问题。

单纯形法是求解线性规划问题的通用方法。单纯形是美国数学家 G. B. 丹齐克于 1947 年首先提出来的。它的理论根据是：线性规划问题的可行域是 n 维向量空间 R_n 中的多面凸集，其最优值如果存在必在该凸集的某顶点处达到。顶点所对应的可行解称为基本可行解。单纯形法的基本思想是：先找出一个基本可行解，对它进行鉴别，看是否是最优解；若不是，则按照一定法则转换到另一改进的基本可行解，再鉴别；若仍不是，则再转换，按此重复进行。因基本可行解的个数有限，故经有限次转换必能得出问题的最优解。如果问题无最优解也可用此法判别。

2.5.7 Excel 规划求解

某炼油厂用两种原料油炼制汽油、煤油、柴油以及残油，具体的原料和产品数据见表 2-5，如何安排生产，可使炼油厂的利润为最大？

表 2-5 炼油厂原料和产品数据

产品名称	价格	得率（%）		市场需求（桶/d）
		1#原油（24 美元/桶）	2#原油（15 美元/桶）	
汽油	36	80	44	24 000
煤油	24	5	10	2 000
柴油	10	10	36	6 000
残油	5	5	10	无限制
加工费（美元/桶）		0.50	1.00	

具体编程过程步骤：

打开 Excel 软件，按图 2-33 所示输入全部内容，然后在 F2-F5 之间输入约束函数见图 2-34，先在 F3 输"=A3*\$a\$2+B3*\$b\$2+C3*\$c\$2+D3*\$d\$2+E3*\$e\$2"函数，F4 和 F5 可通过填充实现约束函数输入，然后在 H2 输入目标函数"=-8.1*A2-10.8*B2"，需要注意的是在本题中将 A2-E2 作为可变单元格，输入时必须加\$符号，如 A2 输入时为\$A\$2。

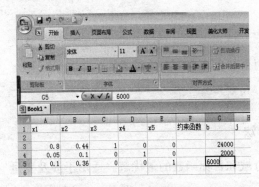

图 2-33 输入基本数据

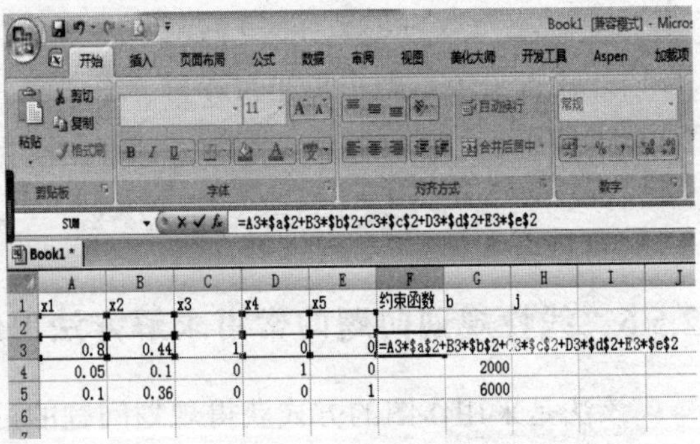

图 2-34 输入约束函数

点击左上角"工具"菜单，系统弹出图 2-35 界面，点击图 2-35 最下面的"Excel 选项"，系统弹出图 2-36 所示对话框，点击图 2-36 下边中部的"转到"，系统弹出图 2-37 界面，选中"规划求解"，点击确定就可以加载，选择其中的"规划求解"。

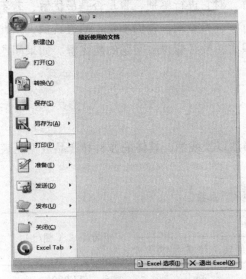

图 2-35 加载规划求解 1

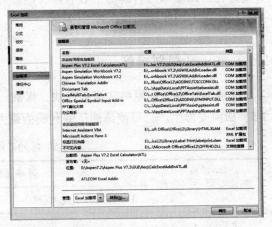

图 2-36 加载规划求解 2

图 2-37 加载规划

加载之后，点击"数据"菜单，频幕右上角就会出现"规划求解"（规划求解工具已按上面步骤加载），点击"规划求解"，系统弹出图 2-38 对话框。设置目标单元格为 H2，等于最小值，可变单元格为 A2-E2，在约束条件中点击"添加"，系统弹出图 2-39 对话框，在单元格引用位置选中 F3-F5，在约束值中选中 G3-G5，点击确定，系统返回图 2-35 的对话框。完成全部设置后的对话框见图 2-40，点击求解，最后结果见图 2-42。

图 2-38　"规划求解"对话框

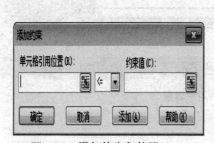

图 2-39　添加约束条件图

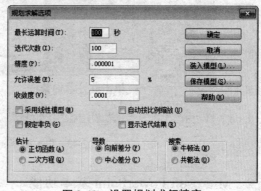

图 2-40　设置规划求解精度

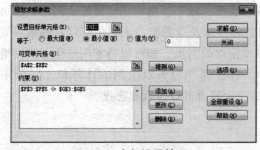

图 2-41　全部设置情况

图 2-42　最后结果显示

	A	B	C	D	E	F	G	H
1	x1	x2	x3	x4	x5	约束函数b		J
2	26206.9	6896.552	0	0	448.2755			-286759
3	0.8	0.44	1	0	0	24000	24000	
4	0.05	0.1	0	1	0	2000	2000	
5	0.1	0.36	0	0	1	5551.72	6000	

2.6　Microsoft PowerPoint 在化工中的应用

2.6.1　Microsoft PowerPoint 概述

　　PowerPoint 是制作和演示幻灯片的软件，能够制作出集文字、图形、图像、声音以及视频剪辑等多媒体元素于一体的演示文稿，用于展示、介绍作者的学术思想和科研成果。PowerPoint 2007 的用户界面于 Word 2007 相似，如图 2-43 所示，主要包括：标题栏、Office 按钮、快速访问工具栏、工具栏、文档编辑区、状态栏等。

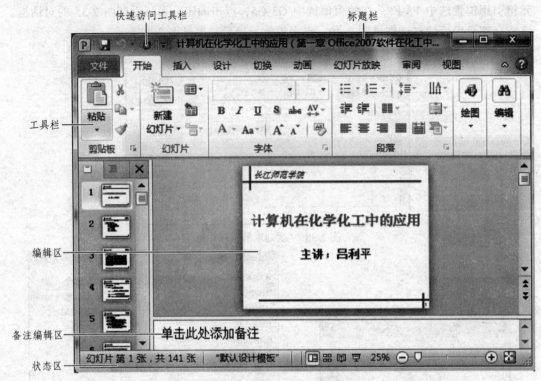

图 2-43　PowerPoint 2007 用户界面

2.6.2　Microsoft PowerPoint 基本功能

利用 PowerPoint 有基本的插入各种剪贴画、表格、图表、组织结构图甚至图形，还可以插入各种声音、动画效果。同时还可以利用各种模版及背景配色来强化幻灯片的播放效果。利用 PowerPoint 的超链接功能，还可以制作简单的网页，如可以将常用的化工网站地址做成一个网页拷到移动存储设备里。这样，在任何一台可以上网的计算机上（装有 PowerPoint）都可以直接进入所需要的化工网站，无需再进行搜索和查找。

2.6.3　如何做好一个 PowerPoint

由于 PowerPoint 具有上面所说的强大的幻灯片制作及播放功能，且简单易学，在化工信息发布、化工课程多媒体制作方面也具有广泛的应用前景。本书的目的不是详细的介绍如何使用 PowerPoint，而是要告诉读者，PowerPoint 能解决哪些化工问题，并在解决过程中，掌握 PowerPoint 的基本功能，通过不断的学习和训练，从而达到最大程度利用 PowerPoint 解决问题的目的。

一个优秀的 PowerPoint 作品，具有整齐、简单、合适和清晰的特点。观众的忍耐是有限度的，并不是放的信息越多，观众就越容易记住，所以必须尽量让你的幻灯片简洁。如何有效的让 PPT 看起来简洁？首先，在每一页 PPT 中，所放的概念不要超过 7 个；其次，所放的文字不超过 10 ~ 12 行，尽量不要换行，让读者看起来一目了然，简单舒服。下面就几种情况，进行一一讲解。

案例一：如果 PowerPoint 中全是纯文字，实在简化不了，应该怎么办？

思路一：提炼关键词（见图 2-44）。

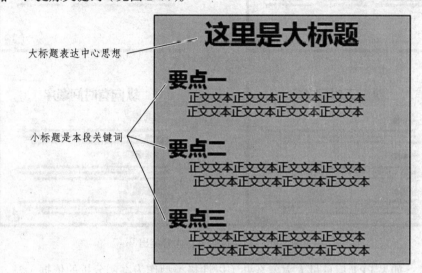

图 2-44　利用大小标题提炼关键词

思路二：利用行间距留白（见图 2-45）。

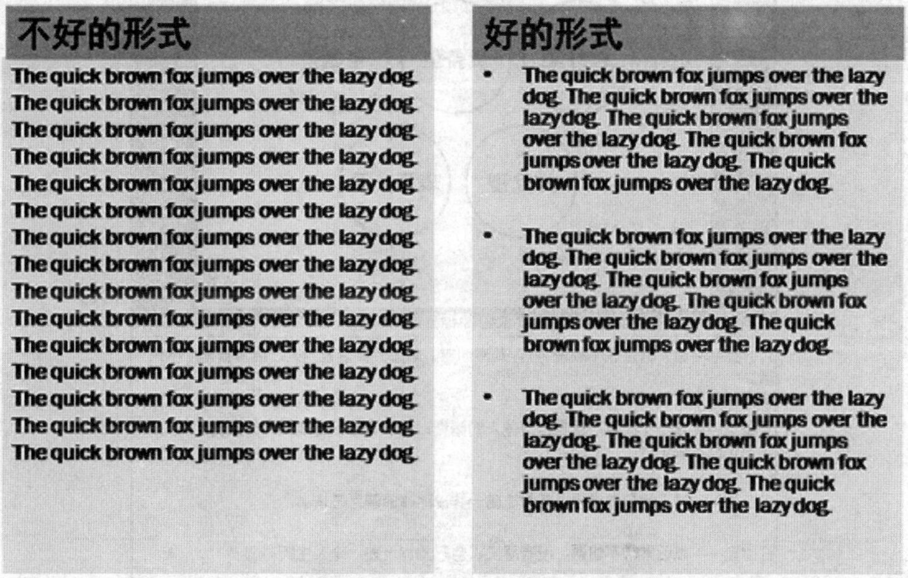

图 2-45　利用行间距突出层次感

思路三：巧妙排版（见图2-46）。

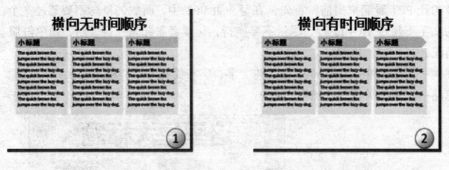

图 2-46　利用排版进行内容突出

案例二：如果 PPT 信息量太大怎么办（以性格类型作为案例分析的依据）？

图 2-47　充分利用备注进行讲解

自我评价：我是哪一类？

讨好型——最大特点是不敢说"不"，凡事同意，总感觉要迎合别人，活得很累，不快活。

责备型——凡事不满意，总是指责他人的错误，总认为自己正确，但指责了别人，自己仍然不快乐。

电脑型——对人满口大道理，却像电脑一样冷冰冰的缺乏感情。

打岔型——说话常常不切题，没有意义，自己觉得没趣，令人生厌。

表里一致型——坦诚沟通，令双方都感觉舒服，大家都很自由，彼此不会感到威胁，所以不需要自我防卫。

思路一：充分利用备注（见图 2-47）。

思路二：拆成多个页面（见图 2-48）。

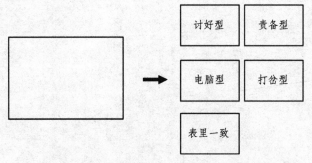

图 2-48　将原文拆成多个封面进行讲解

思路三：要点一条条显示（及海南图 2-49）。

图 2-49　一条一条进行显示

除了上面所介绍的一些基本方法之外，你可以通过把 PPT 进行数据化处理和视觉化处理，利用金字塔自上而下或者自下而上的原理构建实例，制作出优秀的 PPT。在化工专业中，项目总结汇报，新产品发布会等都需要利用这个工具。希望读者在学习过程中，能够多参考其他教材和 PPT 的专业书籍，将 PPT 越做越好。

2.7　WPS 文字 2016 的用户界面

WPS 文字是由金山软件股份有限公司自主研发的一款办公软件之一，可以实现办公软件最常用的文字功能。能兼容微软 Office 格式的文档，包括：不仅可以直接打开、保存微软 Office 格式的文档，微软 Office 也可正常编辑 WPS 保存的文档。本书介绍的版本为 WPS

文字 2016，用户界面如图 2-50 所示，主要包括：标题栏、WPS 按钮、快速访问工具栏、文档编辑区、状态栏等。

WPS 按钮 位于窗口左上角，与 Word 2007 相比，用户界面主要的变化在于快捷访问工具栏 位于工具栏的左下方，且具有两个标题栏分别位于工具栏的上、下方。

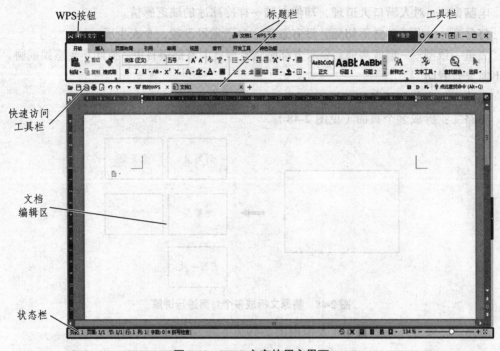

图 2-50　WPS 文字的用户界面

2.7.1　WPS Office 与 Microsoft Office 两者成型特点

WPS 是新兴的一款国内 Office 软件，以其美观大方，界面清晰，软件小巧，因操作适合国人习惯而风靡。微软 Office 则秉承微软软件的强大，因办公处理能力强大而著称。

2.7.2　WPS Office 与 Microsoft Office 的比较

（1）空间占用大小比较。

从空间占用大小来看，WPS Office 的体积较小，占用空间不大，只有几十兆。而 Microsoft Office 就相对大很多了，是 WPS 的十几倍大小，接近一个 G 的占用空间。

（2）功能比较。

从软件功能上，Microsoft office 是办公软件的母版，是最早的办公软件。而 WPS 是一种功能比较类似的，后来出现的国内仿造的办公软件。Microsoft Office 功能比较强大，所包含的组件也很多，有 Word、Excel、PowerPoint、Access 之外还有 Frontage（网页制作）、outlook（邮件收发），Binder、Info Path（信息收集）、One Note（记事本）、Publisher（排版制作）、Vision（流程图）、Share Point 等组件。

但是 WPS 出品以来一直都是基于"模仿"微软 office 功能架构，WPS 专注开发三种基本功能：文字（Word），演示（PPT），表格（Excel），轻巧方便，但几乎所有 Office 的功能在 WPS Office 里面都是一样的操作。WPS 最大特点是支持 126 种语言应用，包罗众多生僻小语种，保证文件跨国、跨地区自主交流。

（3）网络资源和文档模板。

从网络资源和文档模板方面，WPS 可以直接登录云端备份存储数据，Office 目前好像没有，同时 WPS 软件提供了很多时候中国人使用习惯的在线模板下载，同时可以将模板一键分享到论坛、微博。无论是节假日还是热点事件，模板库都会"与时俱进"随时更新。

操作使用习惯，WPS 是国内 Office 软件，所以外观设计，UI 设计都针对与国人习惯，所以使用起来确实比微软 Office 好操作，其中 WPS 表格就自带了各种实用公式（如计算个人所得税、多条件求和等常用公式）。微软 Office 则采用统一风格，使用习惯后其实也是差不多的，这个就看你使用频率了。

从性能来看，WPS 是一款实用性小软件，所以性能上是其最薄弱的地方，例如你在 WPS 的 PPT 或者 Word 中放入十张单反照片，估计你的电脑差不多就得反应许久，而微软 Office 在性能上确实是无法超越的，Microsoft Office 中很强的功能 Visual Basic for Application（简称 VBA）类似的功能在 WPS 中就没有，简单地说就是"宏"。

WPS 实用但是细节上处理不够、文件大小上支持能力太差，相比于此，微软 Office 的优越性要在使用 Office 处理大型事件的时候，才会体现出来，而且很多场合的标准要求就是微软 Office。

（4）收费情况。

WPS 是完全免费的，下载就可以使用所有功能。Microsoft office 是微软收费软件，卖价比较昂贵。

（5）兼容性可移植性。

现在 WPS 可以选择存储格式默认保存为.doc、.xls 和.PPT 文件（微软 MS Office 文件类型）可以支持打开 office 的格式文件，无障碍兼容 doc/xls/PPT 等文件格式，你可以直接保存和打开 Microsoft Word、Excel 和 PowerPoint 文件，也可以用 Office 轻松编辑 WPS 系列文档。除此之外，WPS 还提供了 LINUX 跨平台版本。

（6）实用性。

WPS 对于普通用途家庭使用等来说是非常好的一款 Office 软件，适用学生，居家者等，Office 只限于做点文字记录，图文表述，平时基本用小文档（比策划书计划书小的），使用 WPS 是不错的选择。Microsoft Office 则适合工作使用，竞赛使用等有相关规定，文件表述较大较复杂的时候。

习 题

1. 请按要求输入下面的方程式和公式。

（1）在公司编辑器中输入下列化工方程式。

① 在 word 中输入总传热系数方程 $K = \dfrac{1}{\dfrac{1d_1}{\alpha_i d_2} + \dfrac{d_2}{2} + \dfrac{d_2}{2\lambda}\ln\dfrac{d_2}{d} + \dfrac{1}{\alpha_2}}$

② 在 word 中输入传质单元数方程

$$N_{OG} = \int_{y_2}^{y_1} \frac{dy}{y - y_e}$$

（2）利用公式编辑器或其他的方式输入如下的方程式

甲烷催化部分氧化制合成器包括：

主反应：$CH_4 + 0.5O_2 \Longrightarrow CO_2 + 2H_2O$

$\Delta H_{1000K} = -22.2 \text{ kJ/mol}$ （1）

可能的副反应：

燃烧反应 $CH_4 + 2O_2 \Longrightarrow CO_2 + 2H_2O \quad \Delta H_{298K} = -802 \text{ kJ/mol}$ （2）

$CH_4 + 1.5O_2 \Longrightarrow CO + 2H_2O \quad \Delta H_{298K} = -519 \text{ kJ/mol}$ （3）

$CH_4 + 1.5O_2 \Longrightarrow CO_2 + H_2 + H_2O \quad \Delta H_{298K} = -561 \text{ kJ/mol}$ （4）

$CH_4 + O_2 \Longrightarrow CO_2 + 2H_2 \quad \Delta H_{298K} = -319 \text{ kJ/mol}$ （5）

$CH_4 + O_2 \Longrightarrow CO + H_2 + 2H_2O \quad \Delta H_{298K} = -278 \text{ kJ/mol}$ （6）

重整反应 $CH_4 + H_2O \Longrightarrow CO + 3H_2 \quad \Delta H_{298K} = -206 \text{ kJ/mol}$ （7）

$CH_4 + CO_2 \Longrightarrow 2CO + 2H_2 \quad \Delta H_{298K} = -247 \text{ kJ/mol}$ （8）

水汽变换反应 $CO + H_2O \Longrightarrow CO_2 + H_2 \quad \Delta H_{298K} = -41.2 \text{ kJ/mol}$ （9）

积碳反应 $CH_4 \Longrightarrow C + 2H_2 \quad \Delta H_{298K} = 74.9 \text{ kJ/mol}$ （10）

$2CO \Longrightarrow CO_2 + C \quad \Delta H_{298K} = -172.4 \text{ kJ/mol}$ （11）

2. 阅读文献《化学链重整制合成气过程模拟》，将文献内容录入到 word 文档中，然后进行排版，要求排版格式和原文献一致。

3. 将课后练习题 3 的文献内容，做成 PPT，要求内容完整，版面整齐，美观大方，页数不限。

化学链重整制合成气过程模拟

诸 林，蒋 鹏

（西南石油大学化学化工学院，四川 成都 610500）

摘要：基于化学链重整原理，以甲烷为原料，运用 Aspen Plus 对化学链重整制合成气系统进行了模拟，并研究了燃料反应器温度 T_F、水甲烷比 W/M 及 NiO 甲烷比 Ni/M 对重整气组成、合成气产率 Y、系统㶲效率 η 影响。结果表明，化学链重整气组成模拟值与实验值吻合较好。提高 T_F，重整气中 CO、H_2O 含量有升高趋势，H_2、CO_2 含量略微降低；随着 W/M 增加，重整气中 H_2、CO_2 含量升高，CO 含量降低，合成气产率 Y 几乎不变，系统㶲效率 η 呈现降低趋势；Ni/M 增加，重整气中 H_2、CO 含量以及合成气产率 Y 呈现先升高后降低趋势，㶲效率 η 下降，且 Ni/M = 0.8 时，合成气产率 Y 取得最大值。

关键词：化学链重整；甲烷；合成气；过程模拟；热力学分析

中图分类号：TQ546　　　　　　**文献标志码**：A　　　　　　**文章编号**：0253-4320(2014)05-0161-04

Simulation of chemical-looping reforming to syngas process

ZHU Lin，JIANG Peng

（College of Chemistry & Chemical Eng.，Southwest Petroleum Univ.，Chengdu 610500，China）

Abstract：Aspen Plus software is employed to investigate chemical looping reforming to syngas process according to the chemical looping reforming principle with methane as the raw material. The effects of fuel reactor temperature (T_F), water to methane ratio (W/M), NiO to methane ration (Ni/M) on the system performances including reformer gas composition, synthesis gas yield (Y) and exergy efficiency (η), are studied. The results show that the simulated values are in good agreement with the experimental ones for the composition of chemical looping reforming gas. Increasing T_F, the concentrations of CO and H_2O in the reformer gas tend to increase, but the concentration of H_2 and CO_2 are slightly decreased. The increase of W/M ratio leads to the increase in H_2 and CO_2, but decrease in CO. However, the syngas yield Y is almost unchanged. The system η shows a decreasing trend. With increase of Ni/M ratiod, H_2, CO and syngas yield Y firstly raise and then decrease, while the η decreases. When Ni/M = 0.8, the synthesis gas yield Y reaches the maximum value.

Key words：chemical looping reforming；methane；syngas production；process simulation；thermodynamic analysis

随着能源危机和环境污染等问题日益突出，作为优质清洁能源的天然气在现代社会中扮演着愈加重要的角色[1-2]。合成气（主要成分为 CO 和 H_2）是天然气化工重要的中间产物。目前工业上制备合成气主要通过甲烷水蒸汽重整实现，但该工艺复杂、能耗高、投资大[3]。

化学链重整（chemical looping reforming，CLR）是近年来提出的一种新型制取合成气技术，即利用金属氧载体提供氧来对甲烷进行部分氧化生成合成气[4-5]。CLR 由燃料反应器（fuel reactor，FR）和氧化反应器（air reactor，AR）串联组成。在 FR 中，燃料气与金属氧载体 MeO 接触发生部分氧化反应(1)制取合成气，在这过程中，可向燃料气中加入 H_2O，促进蒸汽重整反应(2)，提高合成气产率[6]。还原态氧载体 Me 在 AR 中重新被氧化为 MeO，实现氧载体再生，反应如式(3)所示。

$$C_nH_m + nMeO \longrightarrow nCO + 1/2mH_2 + nMe \quad (1)$$

$$C_nH_m + nH_2O \longrightarrow nCO + (n + 1/2m)H_2 \quad (2)$$

$$Me + 1/2O_2 \longrightarrow MeO \quad (3)$$

化学链重整过程因反应选择性高、过程易控制、易于实现工业化等优势逐渐成为国内外的研究热点。Diego 等[7]在循环流化床内对基于 $NiO-Al_2O_3$ 氧载体的 CLR 过程进行了实验研究。阳绍军等[8]模拟了一种基于化学链燃烧的吸收剂引导的焦炉煤气水蒸汽重整制氢系统。赵海波等[9]基于热力学平衡模拟了自热和蒸汽重整化学链重整制氢系统，并评价了系统性能。为从理论上研究化学链重整制合成气过程，本文中基于 Aspen Plus 对 CLR 制合成气系统进行模拟及热力学分析，研究了主要操作参数改变对系统性能影响。

1 化学链重整制合成气系统

1.1 氧载体选择

氧载体选取是整个 CLR 系统的关键。一般来说，氧载体需具有良好的反应性能、耐磨性、高选择性、良好的流动性及生产的低成本性等特点[10]。Rydén 等[11]和 Sedor 等[12]研究表明，Ni 基氧载体具有高反应活性且在反应温度（1 200 ~ 1 400 K）范围

收稿日期：2013-12-19

作者简介：诸林（1965-），男，教授，博士生导师，主要从事能源化工与环境保护领域研究，028-83037323，zhulinswpi65@gmail.com。

内比其他氧载体(如 Cu)熔点更高。Al_2O_3 作为一种良好的负载体,具有较好的流动性和热稳定性[13-15]。故本文中选取 $NiO-Al_2O_3$ 型氧载体。

1.2 化学链重整制合成气工艺流程建立

基于化学链重整原理的分析,利用 Aspen Plus 建立 CLR 制合成气的模型,如图 1 所示。燃料 CH_4 和水进入燃料反应器(FR)中与 NiO 发生部分氧化反应,生成的还原态氧载体 Ni 和重整气体经旋风分离器(S1)分离后,气相物流 R-gas 即为含少量 CH_4 的重整气,固体氧载体 Ni 被送入空气反应器(AR)中,重新氧化生成 NiO,空气反应器出口物流经旋风分离器(S2)分离,气相部分即为欠氧空气,固体 NiO 重新进入燃料反应器发生重整反应,如此循环。基于 $NiO-Al_2O_3$ 载体的 CLR 过程发生的主要反应见表1[16-17]。

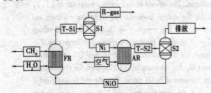

图 1　基于 Aspen Plus 的 CLR 制合成气
工艺流程图

表 1　基于 $NiO-Al_2O_3$ 氧载体的 CLR 发生的主要反应

反应方程式	反应热/(kJ·mol⁻¹)	编号
FR 中主要反应		
$CH_4 + NiO \longrightarrow CO + 2H_2 + Ni$	+203.75	(4)
$CH_4 + 4NiO \longrightarrow CO_2 + 2H_2O + 4Ni$	+156.9	(5)
$H_2 + NiO \longrightarrow H_2O + Ni$	-2.1	(6)
$CO + NiO \longrightarrow CO_2 + Ni$	-43.3	(7)
$CH_4 + H_2O \longrightarrow 3H_2 + CO$	+206.3	(8)
$CO + H_2O \longrightarrow H_2 + CO_2$	-41.1	(9)
$CH_4 + 2H_2O \longrightarrow 4H_2 + CO_2$	+164.9	(10)
AR 中主要反应		
$2Ni + O_2 \longrightarrow 2NiO$	-479.8	(11)

1.3 物性方法及模块选择

选用 PR-BM 方程计算物流热力学性质。在模拟过程中,依据 Gibbs 最小能原理,并假设所有反应达到化学平衡和相平衡。反应器选择 RGibbs 模块,旋风分离器选用 Sep 模块。

2 系统性能指标

对于化学链重整制合成气系统,评价性能主要指标有重整气组成、合成气产率 Y、系统㶲效率 η。合成气产率 Y 定义为:

$$Y = F_{SYN}/F_{CH_4} \qquad (12)$$

式中,F_{SYN} 表示重整气中合成气($CO + H_2$)流率,mol/h;F_{CH_4} 表示 CH_4 进料流率,mol/h。

系统㶲效率 η 定义为系统输出㶲与输入㶲之比[18]:

$$\eta(\%) = (E_{X_{R-Gas}} + E_{X_{SH}})/(\sum E_{X_{IN}} + H_W) \times 100 \quad (13)$$

式中,$E_{X_{R-Gas}}$ 和 $E_{X_{SH}}$ 分别表示重整气的㶲和回收系统热量所产生的蒸汽的㶲,kJ/mol;$\sum E_{X_{IN}}$ 表示所有进入系统物流㶲,kJ/mol;H_W 表示外界提供给燃料反应器的热量,kJ/mol。

一般情况下,对于敞开系统进出口流体的动能和势能变化较小,动能㶲和势能㶲可忽略不计。则㶲计算公式简化为:

$$E_X = E_{XPH} + E_{XC} \qquad (14)$$

式中,E_X 表示物流㶲,kJ/mol;E_{XPH} 和 E_{XC} 分别表示物流物理㶲和化学㶲,kJ/mol。

物流的物理㶲可由式(15)得出:

$$E_{XPH} = H - H_{su} - T_{su}(S - S_{su}) \qquad (15)$$

式中,H 表示物流焓,kJ/mol;S 表示物流熵,kJ/(mol·K);H_{su} 表示环境温度压力下物流焓值,kJ/mol;S_{su} 表示环境温度压力下物流熵值,kJ/(mol·K)。其中,环境温度 T_{su} = 298.15 K;环境压力 p_{su} = 0.101 33 MPa。

重整气的化学㶲可由式(16)计算,单质化合物的化学㶲可由龟山-吉田在 1979 提出的环境模型得出。

$$E_{XC,m} = \sum_i y_i E_{XC,i} + RT_{su} \sum_i y_i \ln y_i \qquad (16)$$

式中,y_i 表示重整气中组分 i 的摩尔分率;$E_{XC,i}$ 表示组分 i 标准摩尔化学㶲,kJ/mol。

3 分析与讨论

考察燃料反应器温度 T_F、进料水甲烷摩尔比 W/M、NiO 循环量与进料甲烷比 Ni/M 对系统性能指标的影响。W/M 和 Ni/M 分别定义为:

$$W/M = F_{H_2O}/F_{CH_4} \qquad (17)$$

$$Ni/M = F_{NiO}/F_{CH_4} \qquad (18)$$

式中:F_{H_2O} 和 F_{NiO} 分别表示进料水流率和 NiO 循环量,mol/h。

在热力学分析过程中,根据文献[7]实验条件作为标准值,即 T_F = 900℃,W/M = 0.3,Ni/M = 1.3,

在以下分析中,除操作变量外,其余参数均取标准值。

3.1　模型验证

根据文献[7]设置模拟初始值,在给定燃料反应器反应温度区间内,重整气组成模拟值与实验值[7]对比情况如图 2 所示。由图 2 可知,在研究温度范围内,模拟值与实验值存在一定误差,其中 H_2、CO_2 浓度低于实验值,但误差较小,在允许范围内,说明模拟值与实验值具有一定吻合度。分析图 2 可得,随着反应温度升高,重整气中 CO、H_2O 含量有升高趋势,H_2、CO_2 含量略微降低,这主要是由于升温抑制了放热的水汽变换反应(9)进行。

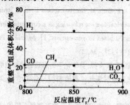

曲线—模拟值;点—实验值

图 2　重整气组成模拟值与实验值对比

3.2　W/M 的影响

不同水甲烷比对重整气组成(干基)和合成气产率及烟效率 η 的影响分别如图 3、图 4 所示。由图 3 可知,随着 W/M 增加,重整气中 H_2、CO_2 体积分数升高,CO 体积分数降低,CH_4 体积分数几乎不变。当 W/M=0,即进料未加水时,CO 体积分数达到最大值,随着 H_2O 量增加,根据平衡移动原理,有利于 H_2O 参与的反应进行,考虑到甲烷几乎反应完全,故主要促进 CO 水汽变换反应(9)的进行,使得重整气中 CO_2 和 H_2 体积分数增加,CO 体积分数减少。

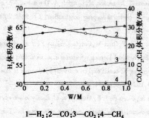

1—H_2;2—CO;3—CO_2;4—CH_4

图 3　W/M 对产品组成影响(干基)

由图 4 可得,随着 W/M 增加,合成气产率 Y 几

乎不变,系统烟效率 η 呈现降低趋势。据图 3 的分析,H_2O 的加入主要促进 CO 变换反应(9)向正方向移动,由反应关系式可知,CO 减少量等于 H_2 生成量,故合成气流率不变。由于 H_2O 的加入,一方面使得系统输入烟增加,另一方面,燃料反应器需要输入更多的热量来维持反应进行。基于上述两点,由式(13)可知,系统烟效率降低,但水的烟值较小,故烟效率下降较为缓慢。

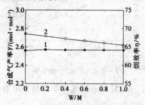

1—合成气产率;2—烟效率

图 4　W/M 对合成气产率及烟效率影响

3.3　Ni/M 的影响

图 5 显示了 NiO 甲烷比对重整气组成影响。由图 5 可知,当 Ni/M<0.8 时,随着 NiO 循环量增加,H_2、CO 体积分数增加,CH_4 体积分数减少,Ni/M=0.8 时,H_2、CO 体积分数达到最大值,当 Ni/M>0.8 时,随着 NiO 循环量增加,H_2、CO 体积分数逐渐降低,且 H_2 减量大于 CO。在研究范围内,随循环比增加,CO_2 体积分数始终保持上升趋势。这是因为提高 NiO 循环量,使得甲烷与 NiO 发生完全氧化反应(6),故 CO_2 体积分数增加,H_2 体积分数增加,当 Ni/M=0.8,生成 H_2 体积分数达到最大值,此时 CH_4 几乎反应完全。当 Ni/M>0.8,继续增加 NiO 循环量,促进 H_2 及 CO 参与的反应(6)和(7)向右移动,H_2、CO 体积分数减少,CO_2 体积分数增加。

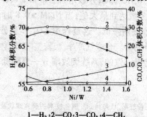

1—H_2;2—CO;3—CO_2;4—CH_4

图 5　Ni/M 对产品组成影响(干基)

图 6 表示 Ni/M 对合成气产率和系统烟效率影响。分析图 6 可得,随着 Ni/M 增加,合成气产率呈现先升高后降低的趋势,Ni/M=0.8,合成气产率达

到最大值,这与图5中重整气 H_2 体积分数变化趋势是一致的。系统㶲效率一直降低,这是因为随着 NiO 循环量增加,使得外界需要向燃料反应器提供更多热量,空气反应器回收热量相对较少,故系统㶲效率总体下降。

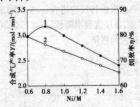

1—合成气产率;2—㶲效率

图6　Ni/M 对合成气产率及㶲效率影响

4　结论

化学链重整是一种新型制备合成气技术。本文中基于化学链重整原理,以甲烷为原料,利用 Aspen Plus 构建了化学链重整制合成气系统,并对其进行了模拟,研究了主要工艺条件改变对系统性能的影响。

(1)将化学链重整气组成模拟值与实验值相比较,两者吻合较好,验证了本文中所建模型的准确性。

(2)提高 T_F,重整气中 CO、H_2O 体积分数有升高趋势,H_2、CO_2 体积分数略微降低。

(3)随着 W/M 增加,重整气中 H_2、CO_2 体积分数升高,CO 体积分数降低,合成气产率 Y 几乎不变,系统㶲效率 η 呈降低趋势。

(4)随着 NiO 循环量增加,当 Ni/M < 0.8 时,重整气中 H_2、CO 体积分数增加;Ni/M = 0.8 时,H_2、CO 体积分数达到最大值;当 Ni/M > 0.8 时,H_2、CO 体积分数逐渐降低。这过程中 CO_2 体积分数始终保持上升趋势。合成气产率 Y、重整气 H_2 体积分数变化趋势是一致的,系统㶲效率 η 一直降低。

参考文献

[1] 裴一,倪红军,吕帅帅,等. 制氢技术的研究现状及发展前景[J]. 现代化工,2013,33(5):31 – 35.

[2] 黄振,何方,赵坤,等. 基于晶格氧的甲烷化学链重整制合成气[J]. 化学进展,2012,24(8):1599 – 1609.

[3] Lee D K, Hyun Baek I I, Lai Yoon W. A simulation study for the hybrid reaction of methane steam reforming and in situ CO_2 removal in a moving bed reactor of a catalyst admixed with a CaO-based

CO_2 acceptor for H_2 production[J]. International Journal of Hydrogen Energy,2006,31(5):649 – 657.

[4] Rydén M, Lyngfelt A. Using steam reforming to produce hydrogen with carbon dioxide capture by chemical-looping combustion[J]. International Journal of Hydrogen Energy,2006,31(10):1271 – 1283.

[5] Pimenidou P, Rickett G, Dupont V,et al. High purity H_2 by sorption-enhanced chemical looping reforming of waste cooking oil in a packed bed reactor[J]. Bioresource Technology,2010,101(23):9279 – 9286.

[6] Rydén M, Lyngfelt A, Mattisson T. Chemical-looping combustion and chemical-looping reforming in a circulating fluidized-bed reactor using Ni-based oxygen carriers[J]. Energy & Fuels,2008,22(4):2585 – 2597.

[7] Diego de L F, Ortiz M, García-Labiano F,et al. Hydrogen production by chemical-looping reforming in a circulating fluidized bed reactor using Ni-based oxygen carriers[J]. Journal of Power Sources,2009,192(1):27 – 34.

[8] 阳绍军,徐祥,田文栋. 基于化学链燃烧的吸收剂引导的焦炉煤气水蒸气重整制氢气过程模拟[J]. 化工学报,2007,58(9):2363 – 2368.

[9] 赵海波,陈猛,熊杰,等. 化学链重整制氢系统的过程模拟[J]. 中国电机工程学报,2012,32(11):87 – 94.

[10] 王保文. 化学链燃烧技术中铁基氧载体的制备及其性能研究[D]. 武汉:华中科技大学,2008.

[11] Rydén M, Lyngfelt A, Mattisson T. Synthesis gas generation by chemical-looping reforming in a continuously operating laboratory reactor[J]. Fuel,2006,85(12):1631 – 1641.

[12] Sedor K E, Hossain M M, de Lasa H I. Reactivity and stability of Ni/Al_2O_3 oxygen carrier for chemical-looping combustion (CLC)[J]. Chemical Engineering Science,2008,63(11):2994 – 3007.

[13] Gayán P, Diego de L F, García-Labiano F,et al. Effect of support on reactivity and selectivity of Ni-based oxygen carriers for chemical-looping combustion[J]. Fuel,2008,87(12):2641 – 2650.

[14] Jerndal E, Mattisson T, Lyngfelt A. Investigation of different NiO/$NiAl_2O_4$ particles as oxygen carriers for chemical-looping combustion[J]. Energy & Fuels,2009,23(2):665 – 676.

[15] Mattisson T, Johansson M, Lyngfelt A. The use of NiO as an oxygen carrier in chemical-looping combustion[J]. Fuel,2006,85(5):736 – 747.

[16] Diego de L F, Ortiz M, García-Labiano F,et al. Hydrogen production by chemical-looping reforming in a circulating fluidized bed reactor using Ni-based oxygen carriers[J]. Journal of Power Sources,2009,192(1):27 – 34.

[17] Ortiz M, Diego de L F, Abad A,et al. Catalytic activity of Ni-based oxygen-carriers for steam methane reforming in chemical-looping processes[J]. Energy & Fuels,2012,26(2):791 – 800.

[18] 张乃文,陈嘉宾,于志家. 化工热力学[M]. 大连:大连理工大学出版社,2006:129 – 139. ■

化学链重整制合成气过程模拟

作者: 诸林, 蒋鹏, ZHU Lin, JIANG Peng
作者单位: 西南石油大学化学化工学院,四川成都,610500

刊名: 现代化工 ISTIC PKU
英文刊名: Modern Chemical Industry
年, 卷(期): 2014, 34(5)

参考文献(18条)

1. 裴一,倪红军,吕帅帅,袁银男 制氢技术的研究现状及发展前景[期刊论文]-现代化工 2013(5)

2. 黄振,何方,赵坤,郑安庆,李海滨,赵增立 基于晶格氧的甲烷化学链重整制合成气[期刊论文]-化学进展 2012(8)

3. Lee D K;Hyun Baek I I;Lai Yoon W A simulation study for the hybrid reaction of methane steam reforming and in situ CO2 removal in a moving bed reactor of a catalyst admixed with a CaO-based CO2 acceptor for H2 production 2006(05)

4. Rydén M;Lyngfelt A Using steam reforming to produce hydrogen with carbon dioxide capture by chemical-looping combustion 2006(10)

5. Pimenidou P;Rickett G;Dupont V High purity H2 by sorption-enhanced chemical looping reforming of waste cooking oil in a packed bed reactor 2010(23)

6. Rydén M;Lyngfelt A;Mattisson T Chemical-looping combustion and chemical-looping reforming in a circulating fluidized-bed reactor using Ni-based oxygen carriers 2008(04)

7. Diego de L F;Ortiz M;García-Labiano F Hydrogen production by chemical-looping reforming in a circulating fluidized bed reactor using Ni-based oxygen carriers 2009(01)

8. 阳绍军,徐祥,田文栋 基于化学链燃烧的吸收剂引导的焦炉煤气水蒸气重整制氢过程模拟[期刊论文]-化工学报 2007(9)

9. 赵海波,陈猛,熊杰,梅道锋,郑楚光 化学链重整制氢系统的过程模拟[期刊论文]-中国电机工程学报 2012(11)

10. 王保文 化学链燃烧技术中铁基氧载体的制备及其性能研究[学位论文] 2008

11. Rydén M;Lyngfelt A;Mattisson T Synthesis gas generation by chemical-looping reforming in a continuously operating laboratory reactor 2006(12)

12. Sedor K E;Hossain M M;de Lasa H I Reactivity and stability of Ni/Al2O3 oxygen carrier for chemical-looping combustion (CLC) 2008(11)

13. Gayán P;Diego de L F;García-Labiano F Effect of support on reactivity and selectivity of Ni-based oxygen carriers for chemicallooping combustion 2008(12)

14. Jerndal E;Mattisson T;Lyngfeh A Investigation of different NiO/NiAl2 O4 particles as oxygen carriers for chemical-looping combustion 2009(02)

15. Mattisson T;Johansson M;Lyngfelt A The use of NiO as an oxygen carrier in chemical-looping combustion 2006(05)

16. Diego de L F;Ortiz M;García-Labiano F Hydrogen production by chemical-looping reforming in a circulating fluidized bed reactor using Ni-based oxygen carriers 2009(01)

17. Ortiz M;Diego de L F;Abad A Catalytic activity of Ni-based oxygen-carriers for steam methane reforming in chemical-looping processes 2012(02)

18. 张乃文;陈嘉宾;于志家 化工热力学 2006

引用本文格式: 诸林.蒋鹏.ZHU Lin.JIANG Peng 化学链重整制合成气过程模拟[期刊论文]-现代化工 2014(5)

3 Origin 在化学化工中的应用

3.1 Origin 简介

Origin 是由美国一家公司开发的具有较强的功能的实验数据处理和图表绘制软件,自从推出 Origin1.0 版本以来,目前已推至 Origin8.1 版本。由于其具有操作简洁、功能强大、上手容易、兼容性好等优点,能充分满足使用者的各种需求,已成为科技工作者和工程师的必备工具,被公认为"最快、最灵活、最容易使用的工程绘图软件"。目前该软件常见的是英文版本,其主界面如图 3-1 所示,主要包括菜单栏(Menu bar)、工具栏(Toolbar)、项目管理器(Project Explorer)、事件记录窗口(Results Log)、命令窗口(Command Window)和编程窗口等。

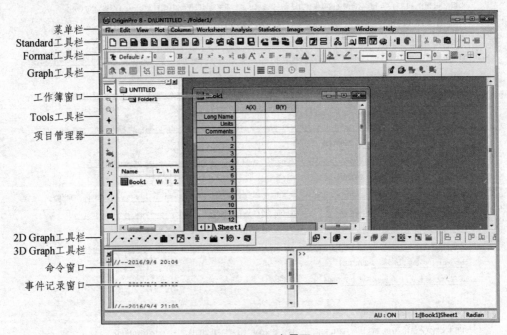

图 3-1　Origin 主界面

对于化学化工类专业的实验数据处理,图表绘制十分有用。针对化学化工专业主要有以下功能可以利用。

(1)将实验数据自动画成在二维坐标中的图形,有利于对实验趋势的判断。

(2)在同一幅图中可以画上多条实验曲线,有利于对不同的实验数据进行比较研究。

(3)不同的实验曲线可以选择不同的线型,并且可将实验点用不同的符号表示。

（4）可对坐标轴名称进行命名，并可进行字体大小及型号的选择。

（5）可将实验数据进行各种不同的回归计算，自动打印出回归方程及各种偏差。

（6）可将生成的图形以多种形式保存，以便在其他文件中应用。

（7）可使用多个坐标轴，并可对坐标轴位置、大小进行自由选择。

（8）可将各种模拟程序计算得到的数据以一定格式保存后（如 VB，VC，Matlab，LabVIEW，Aspen Plus）直接导入 Origin，绘制曲线。

（9）几乎可以绘制所有在化学化工各种教科书中出现的数据图表。

总之，Origin 是一个功能十分齐全的软件，对于绘制化工实验曲线，进行实验数据回归及模型参数拟合非常有用，是化工专业类工程师必须掌握的应用软件。

3.2　Origin 的基本操作

Origin 软件和任何一款其他软件一样，都经历了不断更新的过程。在不断的更新过程中，软件的容量不断增加，软件的功能日益强大。容量从初始的几兆到目前最新版本的几百兆。功能也比原来大大增强。对该软件版本选用，遵循在本书前言中的"五用"原则，选择 Origin8.0 版本。具体介绍过程采用通过知识和化学化工应用相结合的方法，尽量用最少的篇幅。最直接的方法，让初次接触该软件者用最短的时间，掌握 Origin 软件的实际应用，至于精通该软件，还是有赖于读者自己的进一步深造。

3.2.1　Origin 的安装

随着计算机软件和硬件技术的发展，软件安装越来越容易。不同版本的 Origin 软件只要双击安装文件（对于免安装的绿色软件，只要解压软件包即可），在安装向导（见附件一）的帮助下，按照提示可以很方便地将 Origin 软件安装到电脑上。值得提醒读者的是，在 C 盘空间已不大的情况下，建议将 Origin 文件安装到其他盘符，因为 C 盘必须保证有足够的空间给操作系统及虚拟内存使用，否则将影响计算机运行速度。安装好 Origin 后，将其快捷方式发送到桌面，见图 3-2。

图 3-2　Origin8.0 图标

3.2.2　数据输入

输入数据是 Origin 绘图的第一步，有几种，下面介绍主要步骤。

（1）打开已装有 Origin8.0 软件的电脑，双击带有 Origin8.0 字样的图标，电脑就进入如图 3-3 所示的界面。

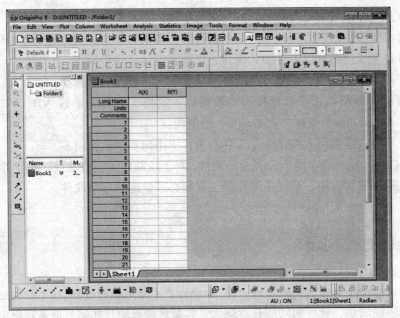

图 3-3　Origin8.0 初始界面

（2）图 3-3 是 Origin8.0 初始界面。Origin8.0 比以前版本在数据输入的 Book1 界面上多了 3 行，从上到下分别是坐标名称（Long Name）、坐标单位（Units）、注释（Comments），需要说明的是对 X 轴的注释在图上是显示不出来的。如输入如图 3-4（a）所示内容，Origin绘制后（具体数据输入及绘制将在后面介绍）可得图 3-4（b）。

由 3-4（b）可知 X 轴和 Y 轴的坐标名称和单位均在图上显示出来，对 Y 轴的注释也在图的右上方显示出来，表明该比热容的数据是在 1atm 的压力下测得。软件如此处理有利于区分在不同压力下测得的比热容的数据，并通过不同的图标来表明该数据测量时的压力大小，这一点在后面的例子中还会详细介绍。

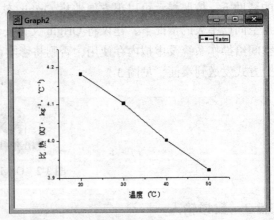

（a）坐标名称及单位输入示例 1　　　　　　　（b）坐标名称及单位输入示例 2

图 3-4　坐标名称及单位输入示例

在 3-4 界面上只有两列数据输入项，用鼠标点击某一单元格，输入数据，回车或鼠标移至其他单元格。直接输入数据界面，如果数据数错了，可重新输入，其方法和 Excel 相仿，用户可大胆利用在其他软件中通用的复制、粘贴、删除方法。如果实验数据多于两列，则可将鼠标移到"Column"处点击，在其下拉的菜单中选择"Add New Columns"项，如图 3-5（a），系统弹出如图 3-5（b）的对话框输入要增加的列数（2），单击"OK"即可。

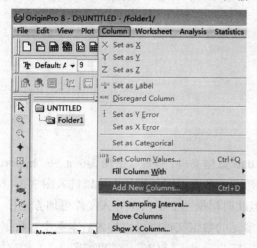
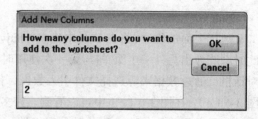

（a）增加数据示意图 1　　　　　　　　　　　　（b）增加数据示意图 2

图 3-5　增加数据列示意图

（3）除了直接输入数据以外，也可以将在其他程序计算中获取的数据直接引用过来，点击"File"，在其下拉的菜单中选择"Import"，系统显示如图 3-6（a）的界面。如果需要输入数据，则点击"Import Wizard"，弹出如图 3-6（b）对话框，对数据类型、数据来源、对数据是否进行过滤、目标窗口、数据输入模式等进行设置，主要对数据类型、数据来源及数据输入模式进行设置，其他可采用默认值。需要读者注意的是对数据输入模式进行设置是十分必要的，它将决定新引入的数据是替换原来表中的数据、还是在原来表的数据基

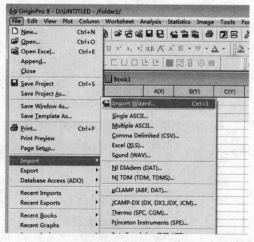

（a）引入数据文件 1　　　　　　　　　　　　（b）引入数据文件 2

图 3-6　引入数据文件

础上添加、建立新表格等各种情况，具体选择要视实际情况而定。

如想绘制 y=3-x*Sin（x）的曲线，可先编写下面程序：

```
Dim x，y
Open "e：shujv.dat" For Output As 1
For x=0 To 20 Step 0.1
        Y=3-x*Sin（x）
Write # 1，x，y
Next x
Close # 1
Print x，y
End
```

运行上面的程序，将在 E 盘中建立"shujv.dat"数据文件，然后点击图 3-6(a)中"Import"，此时系统弹出另外一个菜单[与第一次使用时弹出的界面不同，当然也可以进入图 3-6（b）对话框，通过数据来源选择文件引入数据，但此时根据图 3-6（c）导入文件更加方便]，见图 3-6（c）。在图 3-6（c）中可以看到，许多常见的数据文件都可以导入。本例中，数据是由 VB 程序创建的 ASCII 形式的数据文件，点击"Single ASCII"，弹出如图 3-6（d）对话框，选择数据文件"shujv.dat"，点击"打开"弹出图 3-6（e）之后，点击"OK"，得图 3-6（f），此时已将数据文件"shujv.dat"导入到 Origin8.0 中并且其图形基本形状已在"Sparklines"中显示出来。值得注意的是，放在数据文件中的数据其次序应和数据表格中的次序相一致，同一行的数据以"，"相间隔，不同行的数据应换行存放，否则，引入的数据无法使用。

（4）对于大多数表格型数据，可以直接通过复制、粘贴将其导入到 Origin8.0 的数据表格中。如在 Excel 中的数据，见图 3-7（a），将所需数据选中后点"右键"，选择"复制"，进入已打开的空到 Origin8.0 数据表格，点击"Comment"右边第一格，点鼠标右键，选择"Paste"，得图 3-7（b）所示的数据，将其绘制可得图 3-7（c）。

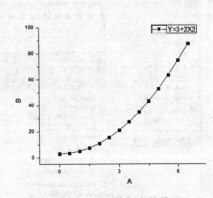

（a）Excel 数据直接导入 1   （b）Excel 数据直接导入 2   （c）Excel 数据直接导入 3

图 3-7　Excel 数据直接导入

（5）导入 Aspen Plus 数据绘制曲线。尽管 Aspen Plus 本身也带有和 Origin 功能相仿的

"Plot"，但有时图形和坐标单位不尽如人意，这时可以将数据先复制到 Excel 中，通过数据处理，将单位进行转换，再将 Excel 中的数据复制到 Origin 中进行绘制，就可以得到满意的曲线。当然如果无需改变单位，也可直接将中的数据复制到 Origin 中进行绘制。如甲醇-水精馏塔 Aspen Plus 模拟计算（具体有关 Aspen Plus 的内容将在第 6 章中介绍），已获取每一块塔板上的气相中水和甲醇的摩尔分数及利用 Aspen Plus 本身绘图软件所绘制的曲线图，如图 3-8（a）所示。由该图可见，摩尔分数使用小数表示，所绘制曲线图也不是十分理想，如果只想对图形进行调整修改，不改变纵坐标，则可直接选中图 3-8（a）中的三列数据后点击右键，在弹出功能菜单中点击 "copy"，打开一个空白的 Origin 文件，将数据复制到空白文件表格中，如图 3-8（b）所示，通过 Origin 的一些设置，可以绘制出图 3-8（c）。如果纵坐标需要用摩尔分数来表示可将数据先复制到 Excel 中，将第二列和第三列数据乘上 100 后复制到空白的 Origin 中，可以绘制出图 3-8（d）。

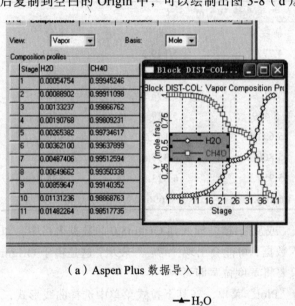

（a）Aspen Plus 数据导入 1   （b）Aspen Plus 数据导入 2

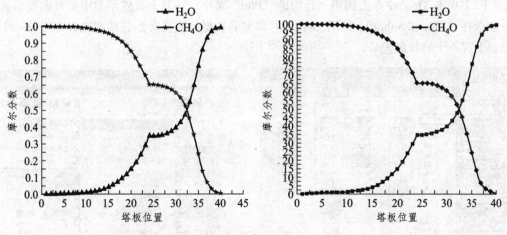

（c）Aspen Plus 数据导入 3   （d）Aspen Plus 数据导入 4

图 3-8　Aspen Plus 数据导入

3.2.3 图形生成

当输入完数据后，就可以绘制实验数据曲线图。实验数据曲线图有单线图和多线图之分。

1. 单线图

任何一个实验数据曲线图基本上有横坐标、纵坐标、坐标名称（含单位），实验曲线（含实验点的图标）、对应曲线实验条件说明（即前面的注释部分）等几部分。要想获得理想的实验曲线图，需对以上各部分进行合理的设置，否则无法得到理想的图形。当然，曲线图示可以绘制的。

下面以某强化传热实验的数据为基础，来介绍绘制各种不同的图形，实验数据见表 3-1。

表 3-1　强化实验数据

四种强化传热管传热膜系统/$W \cdot m^{-2} \cdot {}^{\circ}C^{-1}$				
Re	螺纹管	横纹管	锯齿管	T 管
5 000	4 204.5	4 777.1	5 149.3	5 793
6 000	4 400.6	5 027.3	5 438.8	6 118.7
7 000	4 573.5	5 249	5 696.3	6 408.3
8 000	4 728.7	5 449	5 929.1	6 670.2
9 000	4 870	5 631.7	6 142.3	6 910.1
10 000	5 000	5 800.3	6 339.6	7 132
11 000	5 120.6	5 957.2	6 523.5	7 338.9
12 000	5 233.2	6 104.1	6 696	7 533

（1）将表 3-1 中的数据通过直接输入，或复制-粘贴导入到 Origin8.0 的数据表格中，如图 3-9 所示。注意如果采用复制-粘贴导入数据，可能会出现"####"表示，这是由于 Origin 的数据表格中表格的宽度不够造成的，只要将宽度拉宽即可。

（2）点击 Origin8.0 上面第一行中的"Plot"菜单，在其下拉式菜单中选择曲线形式，一般选择"Line+Symbol"，见图 3-10，它将实验数据用直线分别连接起来，并在每一个数据点上有一个特殊的记号。

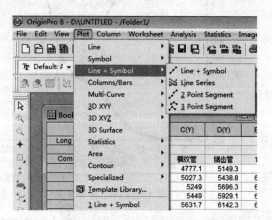

图 3-9　强化传热实验数据　　　　　　　　图 3-10　实验点连接形式选择

（3）在弹出的对话框中选择将 A 列数据作为横坐标，将 B 列数据作为纵坐标，鼠标分别在对应位置点击后，系统会显示已选中标记即打勾。选择好坐标后，点击图 3-11 中的"OK"，系统就会绘制出图 3-12。

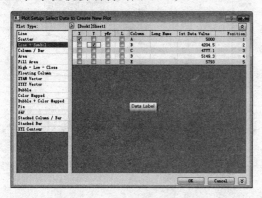

图 3-11　"坐标选择"对话框

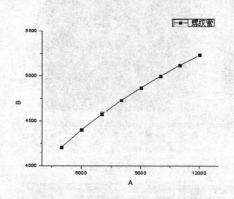

图 3-12　单线绘制 1

（4）对图 3-12 进行修改设置，以使其符合不同图形标准的要求。图 3-12 仅仅是最基本的系统默认设置绘制的图，如将其直接复制到 Word 文档将出现图 3-13 中汉字无法显示的错误情况，故要进行各项设置工作，设置完成后的图形见图 3-14（具体的设置工作将在下一节介绍）。

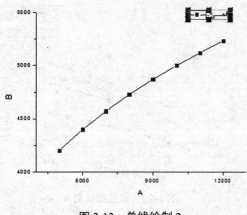

图 3-13　单线绘制 2

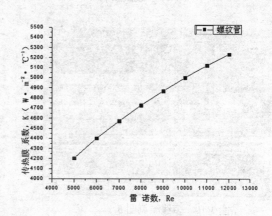

图 3-14　单线绘制 3

2. 多线图

在化工实验中常常是多条实验曲线画在一起，这时数据列一般大于 2。在本例中共有 5 列，其中第一列为横坐标，其他 4 列为纵坐标。绘制多线图通常有两种方法：

（1）第一种方法很简单，将要绘制的所有数据列选中（注意第一列必须是公用横坐标，其他数据列为纵坐标），点击图 3-15 左下角处的图标" "，得图 3-16。

第二种方法是在画好一条线的基础上，点击"Graph"，在其下拉式菜单中选择"Add Plot to Layer"，再在其下面选择"Line+Symbol"（见图 3-17），系统会弹出图 3-18，点击"Book1"左边绿色图标" "，系统弹出图 3-19，将 C、D、E 数据列选中为 Y 坐标即纵坐标，点击"Add"，再点击单击"OK"，得图 3-20。

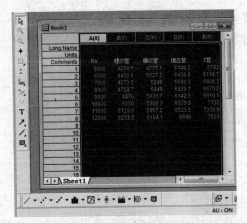

图 3-15 多线图绘制 1

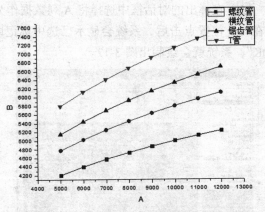

图 3-16 多线图绘制 2

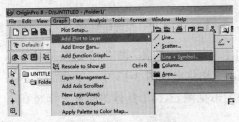

图 3-17 多线图绘制 3

图 3-18 多线图绘制 4

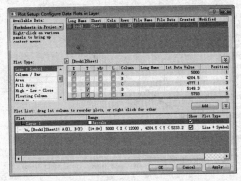

图 3-19 多线绘制图 5

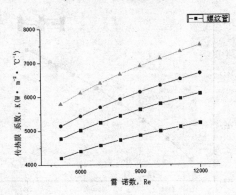

图 3-20 多线图绘制 6

3.3 Origin 功能设置

3.3.1 坐标轴的设置

坐标轴的设置包括名称、单位、起始值、间隔大小、网格线绘制等问题，有多种进入坐标轴的设置方法。对于坐标名称、单位建议在数据输入时直接输入。如果在数据输入时没有输入坐标名称、单位，则可以通过以下几种方法加以设置：

第一种方法：以图 3-16 绘制的基本图形为例，将图形鼠标移到图 3-16 横坐标的任一数字上，双击，系统弹出图 3-21 所示的对话框，在对话框中可以对起始坐标、坐标间隔、坐标轴位置及间隔小标签的方向等许多功能进行设置。如点击"Scall"，则弹出图3-22，可对横坐标的起始值、间隔大小、类型等进行设置。本例中，横坐标开始值是4 000，结束值13 000，数值间隔1 000，坐标类型为线性，（如需要，也可以选择对数坐标）如点击图3-21中的"Title &Format"则弹出图3-23。在"Title"右边的空格内输入"雷诺数，Re"，在"Major"及"Minor"右边的选项中选择"in"，这样横坐标的名称会变成"雷诺数，Re"，横坐标的间隔线将朝上。如需要网格线，则点击图3-21中的"Grid Lines"得到图3-24，将相关内容打上钩，打钩内容见图3-24。点击确定，将纵坐标也按上述步骤进行相关设置，得图3-25。

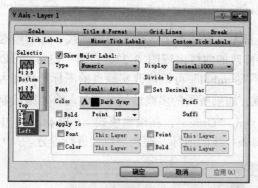

图3-21　"坐标设置"对话框图

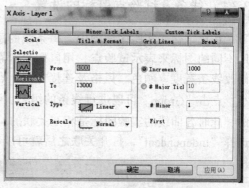

图3-22　"坐标范围设置"对话框

图3-23　坐标名称设置

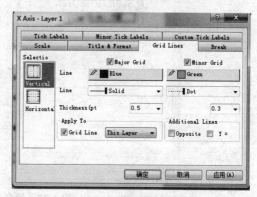

图3-24　网格线的设置

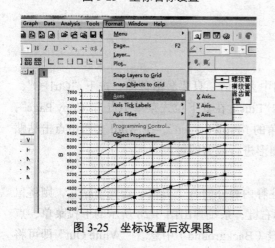

图3-25　坐标设置后效果图

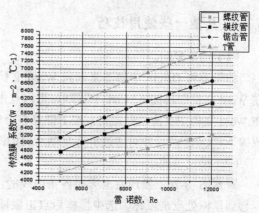

图3-26　直接修改坐标名称

第二种方法：

单击菜单栏中的"Format"，再其下拉菜单中选择"Axis-X Axis"，如图3-26所示。

第三种方法：

可直接双击坐标名称，如纵坐标名称则转变成横向排列，可按word输入方法进行输入和修改。如果粘贴时，文字不能正常显示，建议把字体选为宋体或者黑体，这样可保证在word文档中可以显示中文字。

3.3.2　线条及试验点图标的设置

在化学化工实验多线图中，每条线的意义都不一样。为了区分不同的曲线，经常需要用不同的图标来表示试验点，用鼠标双击需要修改的曲线出现图3-27，点击"Line"可以修改线条宽度、颜色、风格及连接方式；点击"Symbol"可以修改实验点的图标形状和大小；点击"Group"可以进行线条的组态。注意，如果所画的多线曲线是通过 ✎ ▼ 来绘制的，此时各曲线的实验图标是相互关联的，需点击"Group"，在编辑模式（Edit Mode）中选择"Independent"，打开关联之后就可以对每条曲线的图标、颜色等特性进行设置。

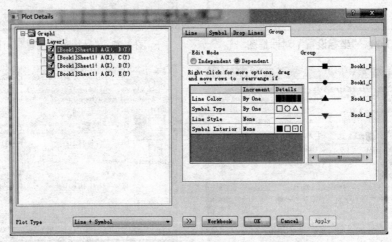

图3-27　线条及实验点图标设置

3.3.3　其他一些使用技巧

（1）图形复制。

如果要将Origin中的图复制到Word文档中去的话。只要激活该图，按下"Ctrl+C"，在Word文档中再按下"Ctrl+V"即可；可以点击"Edit"，在其下拉式菜单中点击"Copy Page"，在Word文档中点击粘贴即可。按下键盘右上角的"Print Screen"，在Word文档中点击粘贴或按下"Ctrl+V"，并对通过屏幕复制所得的图形进行裁剪即可。

（2）黑框消除。

观察图3-26，发现右上方对各条曲线的注释内容外面有个黑框，若要消除它，则将鼠标移到黑框处点击鼠标，选中黑框后点击鼠标右键，系统弹出图3-28所示的下拉菜单，点击"Properties"，弹出图3-29，在左上角的背景（Background）中悬着"White Out"即可将黑框消除。

（3）注释再生。

有时候，在操作过程中会删除某些线条的注释或系统没有生成注释，这时可以通过点击"Graph"菜单，在其下拉式菜单中选择"New Legend"或按下"Ctrl+L"即可。

（4）绘制圆滑线。

如果需要将实验点圆滑地连接起来，输入完数据后，点击"Plot"菜单，在其下拉式菜单中点击"Line"，弹出如图 3-30 所示对话框，选择"Spline"，之后操作同上，就可以将实验数据圆滑地连接起来。

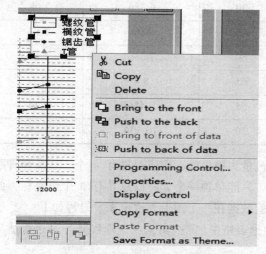

图 3-28　黑框消除示意图 1

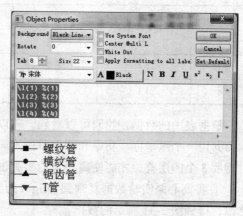

图 3-29　黑框消除示意图 2

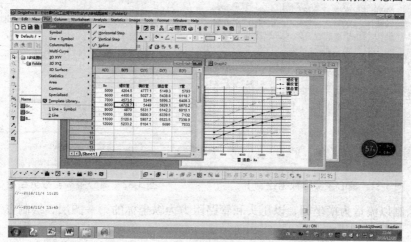

图 3-30　圆滑线绘制

3.4　多图层绘制

在化工实验中，常常会碰到一个变量的改变会引起其他多个变量的变化，如果要绘制这样的实验曲线，用前面多线图绘制的方法将会碰到多个变化的变量单位不同的问题，要解决这个问题，必须采用多图层绘制技术。

通过实验及理论研究，获取到离心泵的一下数据，见表3-2。

表3-2 某离心泵实验数据

试验点	流量 $q/L \cdot s^{-1}$	压头 H/m	效率 $\eta/\%$	管路阻力 He/m	功率 P/kW
1	0	11	0	6	2
2	2	10.8	15	6.096	2.04
3	4	10.5	30	6.384	2.08
4	6	10	45	6.864	2.12
5	8	9.2	60	7.536	2.16
6	10	8.4	65	8.4	2.2
7	12	7.4	55	9.456	2.24
8	14	6	30	10.704	2.28

根据表中的数据，我们可以看到，若以流量为横坐标，而应变量有 4 个，压头和管路阻力共用一个纵坐标，功率和效率单位不同，只能单独一个，所以总共有 3 个纵坐标，此时需要 3 个图层叠加才能使离心泵的所有试验数据在一个图上表现出来。过程如下：

① 将离心泵实验数据复制到 Origin 的数据表格中（除去实验点一列数据），并进行适当修改，得到图 3-31 所示的数据；

	A(X)	B(Y)	C(Y)	D(Y)	E(Y)
Long Name	流量	压头	效率	管路阻力	功率
Units	q/Ls-1	H/m	/%	He/m	P/Kw
Comments					
1	0	11	0	6	2
2	2	10.8	15	6.096	2.04
3	4	10.5	30	6.384	2.08
4	6	10	45	6.864	2.12
5	8	9.2	60	7.536	2.16
6	10	8.4	65	8.4	2.2
7	12	7.4	55	9.456	2.24
8	14	6	30	10.704	2.28
9					
10					
11					
12					

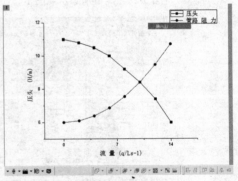

图 3-31 离心泵实验数据绘制 1　　　　图 3-32 离心泵实验数据绘制 2

② 绘制以流量为横坐标，以压头和管路阻力为纵坐标的第一图层，绘制方法和多线图绘制相同，得到图 3-32；

③ 点击 "Graph" 菜单，见图 3-33，在其下拉式菜单中选择 "New Layer"，再选择 "Right Y"，弹出图 3-34；

④ 在第二图层，按照绘制多线图的第二种方法，将流量选为横坐标，将效率选为纵坐标，可得到图 3-35；

⑤ 重复第（3）步，再建立一个第三图层，并在第三图层上重复第（4），将流量选为横坐标，将功率选为纵坐标，可得图 3-36；

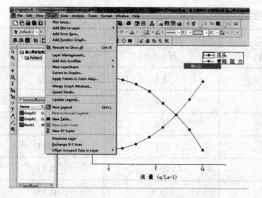

图 3-33　离心泵实验数据绘制 3

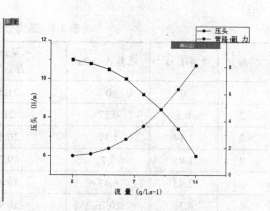

图 3-34　离心泵实验数据绘制 4

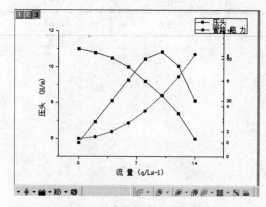

图 3-35　离心泵实验数据绘制 5

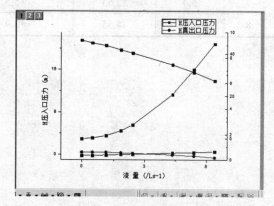

图 3-36　离心泵实验数据绘制 6

⑥ 第三图层激活的状态下，将鼠标移至右边的纵坐标的数字"2"处，双击，弹出图 3-37，点击"Title ＆Format"，设置坐标轴位置为"20"，点击"确定"，根据得到的图进一步对坐标名称、单位、坐标范围等合理设置，得到最后效果图如图 3-38 所示。

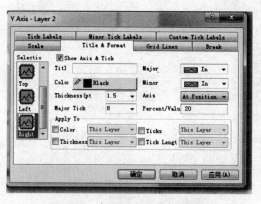

图 3-37　离心泵实验数据绘制 7

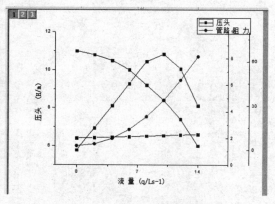

图 3-38　离心泵实验数据绘制 8

习　题

已知泵的特性曲线测定数据如表 3-3 所示，请绘制图所示的图形。写出绘制图形的过程，并提交一份绘图报告。

表 3-3　某离心泵的特性曲线数据

实验点	流量/L·s^{-1}	压差 Δp/kPa	入口压力 $H_压$ /m	出口压力 $H_真$ /m	电机输入功率 $N_电$ /kW
1	0	0	21.5	0.4	0.33
2	0.5	0.27	21	0.4	0.33
3	1.14	1.39	20.5	0.4	0.37
4	1.85	3.7	19.7	0.3	0.41
5	2.43	6.47	19.1	0.2	0.43
6	4.36	20.76	16.9	−0.1	0.53
7	5.4	32.53	15.5	−0.3	0.57
8	6.39	44.55	13.9	−0.6	0.63

4 AutoCAD 在化学化工中的应用

4.1 AutoCAD 软件概述

AutoCAD 全称是自动计算机辅助设计软件（Auto Computer Aided Design），是由美国 Autodesk 公司开发的专门用于计算机绘图工作的工具，广泛用于机械、电子、制造、化工等领域。该软件具有强大的绘图功能，不仅能用来绘制一般的二维工程图，而且能进行三维实体造型，另外还可以在其基础上进行二次开发，形成更为广阔的专业应用领域，用 AutoCAD 绘图，可以采用人机对话方式，也可以采用编程方式。由于 AutoCAD 适用面广，且易学易用，所以它是一般设计人员喜欢的 CAD 软件之一，在国内外应用十分广泛。该软件于 1982 年 Autodesk 公司首次推出 AutoCAD R1.0，又历经 AutoCAD 2000、AutoCAD 2002、AutoCAD 2004、AutoCAD 2007、AutoCAD 2008 等版本更新，直至发展到今天的 AutoCAD 2016。在软件功能不断完善和增加的同时，其所需的空间也随之迅速增加，由最初的几 M、几十 M 发展到今天的几百 M 甚至上千 M，对电脑的配置要求也越来越高。在该软件发展到 AutoCAD 2000 和 AutoCAD 2004 版本时，已是一个比较完善的工程制图软件，它已完全可以胜任一般化工制图的工作，而 AutoCAD 2008 其功能又有了进一步的扩充，尽管会有新的 AutoCAD 版本出现，但 AutoCAD 2008 已能够足够满足化工制图的需要。AutoCAD 2008 不仅继承了早期版本的各种优点，如大量采用了目前 Windows 操作系统中通用的一些方法，几乎不用记住其各种命令的拼写形式，凭其提供的强大的视窗界面，就能完成全部工作。对于各种修改工作，也常常可以通过双击目标对象而自动进入修改界面，由其提供的修改对话框进行修改（如对标注、文字、填充、现款、线型等诸多问题的修改）。总之，在其他软件中通用的一些方法，你可以大胆地在 AutoCAD 2008 中试用，常常会给你一个满意的结果。同时，AutoCAD 2008 增加了新的管理工作空间——二维草图和注释；在使用面板方面有新的增强，它包含了 6 个新的控制台，更易于访问图层、注解比例、文字、标注、多种箭头、表格、二维导航、对象属性以及块属性等多种控制；在图层对话框中新增"设置"按钮来显示图层设置对话框，方便控制图层，图层在不同布局视口中可以使用不同的颜色、线型、线宽、打印样式；在具体绘制过程中，动态地显示当前鼠标点的位置，方便工程人员绘制，比以前版本更具有人性化。本教材以 AutoCAD 2008 版本为标准，讲解如何利用 AutoCAD 2008 绘制化学工程领域的各种图纸。

4.2　AutoCAD 软件的主要功能

4.2.1　AutoCAD 的运行环境

（1）操作环境。

Windows XP；

Windows 7；

Windows 8；

Windows 10。

（2）浏览器。

IE 6.0 或更高版本。

（3）处理器。

一般应在 2G 以上。

（4）内存。

一般应在 512MB 以上。

（5）硬盘。

至少有 1G 以上的空闲安装控件。

（6）显示器。

最低配置 1 024×768VGA，真彩。

4.2.2　AutoCAD 2008 的安装及工作界面

　　AutoCAD 2008 的安装过程（见附件 2）和以前版本的安装过程大致相同，只要按照系统的提示，一步一步进行操作，就能完成安装任务。当 AutoCAD 2008 安装完成后，系统会在桌面上生成一个 AutoCAD 2008 的图标，如图 4-1 所示。只要鼠标双击这个图标，系统就会进 AutoCAD 2008 的工作界面，见图 4-1。AutoCAD 2008 共有三个工作界面，分别是二位草图和注释、三维建模、AutoCAD 经典。本教材主要在 AutoCAD 经典模式下绘制各种图样，故以后介绍的各种功能以该工作模式下为准，图 4-2 也是该模式下的工作界面，除非有特别的说明。

图 4-1　AutoCAD 2008 图标

4.2.3　AutoCAD 2008 主要功能介绍

　　下面先将图 4-2 中的绘图工具栏和修改工具栏放大表示出来（见图 4-3，为以后讲解方便，把它从 1～36 标上号，称为功能"x"，以后称点击功能"x"，就是图 4-3 对应的功能），并对每一个工具作一般的介绍，在以后的实践练习中，还会不断加以具体应用的介绍，希望通过这一节内容的介绍，使读者对这些绘制化工图样最基本的工具有一个大致的了解。

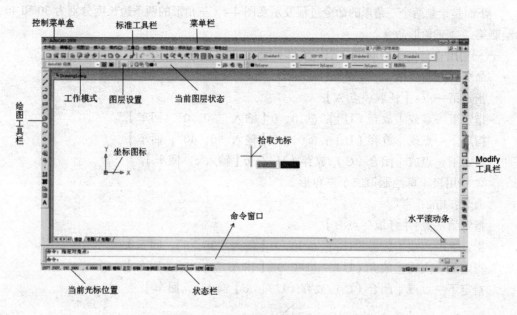

图 4-2　AutoCAD 绘图视窗

1		LINE	绘制直线	20		ERASE	删除对象
2		XLINE	绘制构造线	21		COPY	拷贝对象
3		PLINE	绘制多段线	22		MIRROR	镜像
4		POLYGON	绘制正多边形	23		OFFSET	偏移复制
5		RECTANG	绘制矩形	24		ARRAY	阵列复制
6		ARC	绘制圆弧	25		MOVE	移动
7		CIRCLE	绘制圆	26		ROTATE	旋转
8		REVCLOUD	绘制云线	27		SCALE	比例缩放对象
9		SPLINE	绘制样条曲线	28		STRETCH	拉伸移动对象
10		ELLIPSE	绘制椭圆	29		TRIM	修剪
11		ELLIPSE	绘制椭圆弧	30		EXTEND	延伸
12		INSERT	插入	31		BREAK	打断于点
13		BLOCK	定义块	32		BREAK	打断对象
14		POINT	绘制点	33		JOIN	合并
15		BHATCH	填充图形	34		CHAMFER	倒直角
16		GRADIENT	填充渐变色	35		FILLET	倒圆角
17		REGION	定义面域	36		EXPLODE	分解对象
18		TABLE	绘制表格				
19	A	MTEXT	写多行文本				

图 4-3　各种工具示意图

（1）直线。

点击功能"1"；或通过菜单中"绘图→直线"；或输入命令"line"，系统提示输入一系列点，可以利用鼠标或利用键盘输入点的绝对坐标或相对坐标。输入相对坐标时，分为相对直角坐标和相对极坐标，下面结合绘图案例讲解相对直角坐标和相对极坐标的区别。

下面是绘制两个三角形的命令过程及示意图 4-4（三角形的两条边长度分别为 30 和 40），绘制第二个三角形命令。

① 利用直角坐标绘制第一个三角形；

命令：line；

指定第一点：【任取一点 A】；

指定下一点或 ［放弃（U）］：@30，0【输入"30，0"，回车】；

指定下一点或 ［放弃（U）］：@0，40【输入"0，40"，回车】；

指定下一点或 ［闭合（C）/放弃（U）］：c【输入 c，回车】。

② 利用极坐标绘制第二个三角形。

命令：line；

指定第一点：【任取一点 B】

指定下一点或 ［放弃（U）］：@30，0【输入"30，0"，回车】；

指定下一点或 ［放弃（U）］：@40<90【输入"0，40"，回车】；

指定下一点或 ［闭合（C）/放弃（U）］：c【输入 c，回车】。

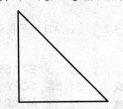

图 4-4　直线绘制示意图

（2）构造线。

构造线是某种形式的一系列无限长的直线，它在某种特殊的图场合可起到辅助线的作用。它可通过功能"2"进入绘制构造线，或通过菜单中"绘图"→"构造线"；也可在命令行输入"xline"来实现，若在系统提示中不做选择，直接点击鼠标，然后绘制的是以点击点为中心的一系列放射线，具体命令如下。

命令：_ xline；

指定点或 ［水平（H）/垂直（V）/角度（A）/二等分（B）/偏移（O）］：【鼠标点击构造中心线中心点 A】；

指定通过点：@30<120【输入"30<120"，回车】；

指定通过点：@60<90【输入"60<90"，回车】。

如果在命令的提示行中，输入相应的选择，则将分别绘制一系列平行的水平线、垂直线、以一定的角度倾斜的直线，以及所选定角度的平分线和以选定目标线为基准的平行偏移线。具体的绘制过程较简单，请自行练习。

（3）多义线。

多义线或多段线是 AutoCAD 中最常见的且功能较强的实体之一，它由一系列首尾相连的直线和圆弧组成，可以具有宽度及绘制封闭区域，因此，多义线可以取代一些实心体等。可点击功能"3"，或通过菜单中"绘图"→"多段线"；或在命令行中输入 pline，具体命令过程如下所示。

　　命令：_ pline；

　　指定起点：【任取一点 A】；

　　当前线宽为 0.0000；

　　指定下一个点或［圆弧（A）/半宽（H）/长度（L）/放弃（U）/宽度（W）］: w【输入 w，回车】；

　　指定起点宽度<0.0000>：4【输入 4，回车，设定线宽为 4】；

　　指定端点宽度<4.0000>：4【输入 4，回车】；

　　指定下一个点或［圆弧（A）/半宽（H）/长度（L）/放弃（U）/宽度（W）］: @500, 0【输入"500, 0"，回车，绘制圆弧】；

　　指定下一点或［圆弧（A）/闭合（C）/半宽（H）/长度（L）/放弃（U）/宽度（W）］: a【输入 a，回车，绘制圆弧】；

　　指定圆弧的端点或［角度（A）/圆心（CE）/闭合（CL）/方向（D）/半宽（H）/直线（L）/半径（R）/第二个点（S）/放弃（U）/宽度（W）］:【任取一点 B】；

　　指定圆弧的端点或［角度（A）/圆心（CE）/闭合（CL）/方向（D）/半宽（H）/直线（L）/半径（R）/第二个点（S）/放弃（U）/宽度（W）］:【输入 L，表示准备绘制直线】；

　　指定下一点或［圆弧（A）/闭合（C）/半宽（H）/长度（L）/放弃（U）/宽度（W）］: -300, 0【输入"-300, 0"，回车】；

　　指定下一点或 ［圆弧（A）/闭合（C）/半宽（H）/长度（L）/放弃（U）/宽度（W）］: w【输入 w，回车】；

　　指定起点宽度<4.0000>：4【回车，默认宽度为 4】；

　　指定端点宽度<4.0000>：0【输入 0，回车，设置宽度为 0，以便画箭头】；

　　指定下一点或［圆弧（A）/闭合（C）/半宽（H）/长度（L）/放弃（U）/宽度（W）］: c【任取一点 c】；

　　指定下一点或［圆弧（A）/闭合（C）/半宽（H）/长度（L）/放弃（U）/宽度（W）］: 回车【回车，完成绘制】。

　　图形绘制完成，如图 4-5 所示。

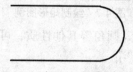

图 4-5　多义线绘制示意图

（4）正多边形。

　　点击功能"4"；或通过菜单中"绘图"→"正多边形"进入；或在命令行中输入 polygon，一个绘制边长为 100 正六边形的具体执行命令过程如下。

　　命令：_ polygon；

　　输入边的数目<6>：6【输入 6，回车】；

　　指定正多边形的中心点或［边（E）］: e【输入 e，回车】；

077

指定边的第一个端点：300，300【输入"300，300"，回车，注意这里是绝对坐标】；

指定边的第二个端点：100，0【输入"100，0"，回车，注意这里是相对坐标，见图4-6】。

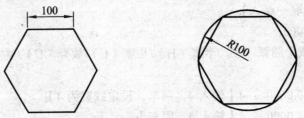

图4-6　绘制正多边形的两种形式

如果知道的是多边形的内接或外接圆的信息，则其绘制过程如下。

命令：_polygon；

输入边的数目<6>：6【输入6，回车】；

指定正多边形的中心点或［边（E）］：600，400【输入"600，400"，回车，注意这里是绝对坐标】；

输入选项［内接于圆（I）/外切于圆（C）］<I>：i【输入i，回车】；

指定圆的半径：100【输入100，回车】。

（5）矩形。

点击功能"5"；或菜单中的"绘图"→"矩形"；或命令行中输入rectang，下面是一个绘制长为200，高为100的矩形具体的执行命令过程。

命令：_rectang【点击功能"5"】；

指定第一个角点或［倒角（C）/标高（E）/圆角（F）/厚度（T）/宽度（W）］：100，100【输入矩形起点坐标，"100，100"，回车】；

指定另一个角点或［面积（A）/尺寸（D）/旋转（R）］：@200，100【输入"200，100"，默认为相对坐标，回车，得到图4-7】。

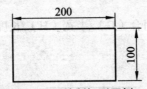

图4-7　绘制矩形图例

若想绘制出来的矩形具有倒角、圆角等其他性质，可在命令提示项中进行选择。

命令：_rectang【点击功能"5"】；

指定第一个角点或［倒角（C）/标高（E）/圆角（F）/厚度（T）/宽度（W）］：c【输入c，回车，准备设置倒角距离为10的矩形命令】；

指定矩形的第一个倒角距离<10.0000>：10【输入10，回车】；

指定矩形的第二个倒角距离<10.0000>：10【输入10，回车】；

指定第一个角点或［倒角（C）/标高（E）/圆角（F）/厚度（T）/宽度（W）］：【在左下角任取一点】；

指定另一个角点或［面积（A）/尺寸（D）/旋转（R）］：【在右上角任取一点，得图4-8

所示倒角矩形】。

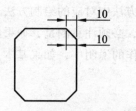

图 4-8　具有倒角的矩形示意图

注意：如果默认的倒角距离符合目前要求，可以通过两次回车代替倒角距离设置；如果矩形的长或宽小于两个倒角的距离之和，则绘制的图形不会显示倒角，还以无倒角矩形出现。

（6）圆弧。

AutoCAD 2008 中，系统提供 11 种绘制圆弧的方法，默认的方法为（起点、第二点、端点）。可点击功能"6"；或在菜单中"绘图"→"圆弧"；或在命令行中输入 arc。一个利用默认方法绘制圆弧命令过程如下，见图 4-9。

命令：_arc；

指定圆弧的起点或［圆心（C）］：300，300【输入绝对坐标位置】；

指定圆弧的第二个点或［圆心（C）/端点（E）］：@100，0【系统默认为相对坐标】；

指定圆弧的端点：@100，100【输入"100，100"后回车，可得到如图 4-9 所示圆弧】；

图 4-9　绘制圆弧实例

注意：利用三点绘制的圆弧是该起点沿逆时针转动到端点所构成的圆弧。如果是在已绘好三点的基础上绘制圆弧，可采用鼠标捕捉功能加以绘制。

（7）圆。

AutoCAD 系统提供 6 种绘制圆的方式，默认的方式为"圆心、半径"，具体的 6 种方式如图 4-10 所示，读者可以根据需要而定。可点击功能"7"；或菜单中的"绘图"→"圆"，或在命令行中输入 circle 进入绘图命令，一个绘制半径为 100 的圆的命令如下所示。

命令：_ circle；

指定圆的圆心或［三点（3P）/两点（2P）/相切、相切、半径（T）］：【任取一点作为圆心】；

指定圆的半径或［直径（D）］：100【输入 100 作为半径，回车则得如图 4-10 所示】。

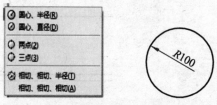

图 4-10　绘制圆的实例

注意：普通圆的绘制，只要确定了圆心的位置和半径的大小就可以绘制，对于在规定的位置上绘制圆，需要利用 6 种方法中对应的绘制方法，如要绘制过已知 3 点的圆，就必须用图中对应的第 4 种绘圆方法，必须注意的是，如果给定的 3 点是在一条直线上的，则无法绘制圆。在以后有关命令操作的说明中，如果基本上和前面相同，不在作重复说明，希望读者注意。

（8）修订云线。

可点击功能"8"；或菜单中"绘图"→"修订云线"；或在命令行中输入 revcloud，一个具体的绘图命令如下，如图 4-11 所示。

指定起点或［弧长（A）/对象（O）］<对象>：a；

指定最小弧长<0.5>：30；

指定最大弧长<30>：30；

指定起点或［对象（O）］<对象>：【鼠标点击，作为云线的起点】；

沿云线路径引导十字光标...【鼠标移动，并最后是云线闭合】；

修订云线完成【自动完成闭合】。

注意：如果鼠标位置不恰当，可能不会闭合，如需强制中断，需点鼠标右键，否则将继续绘制云线。

（9）样条曲线。

点击功能"9"，或菜单中的"绘图"→"样条曲线"，或在命令行中输入 spline，进入绘制样条曲线。样条曲线可作为局部剖的分界线，一个具体的绘制命令及其图 4-12 如下。

命令：_spline；

指定第一个点或［对象（O）］：【点击 A】；

指定下一点：【点击 B】；

指定下一点或［闭合（R）/拟合公差（F）］<起点切向>：【点击 C】；

指定下一点或［闭合（R）/拟合公差（F）］<起点切向>：【点击 D】；

指定下一点或［闭合（R）/拟合公差（F）］<起点切向>：【点击 E】；

指定下一点或［闭合（R）/拟合公差（F）］<起点切向>：【回车】；

指定起点切向：0【输入 0，回车】；

指定端点切向：0【输入 0，回车】。

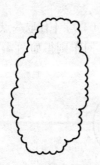

图 4-11　绘制云线实例

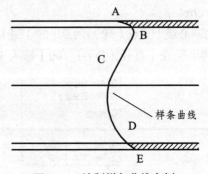

图 4-12　绘制样条曲线实例

（10）椭圆。

AutoCAD 系统提供三种绘制椭圆的方法。可点击功能"10"；或菜单中的"绘图"→"椭圆"；或在命令行中输入 ellipse。一个具体的绘制长轴为 200，短轴为 100 的椭圆命令如下（绘制结果见图 4-13）。

命令：_ellipse；

指定椭圆的轴端点或［圆弧（A）/中心点（C）］：200，200【输入长轴第一个端点位置】；

指定轴的另一个端点：400，200【输入长轴第二个端点位置，由此可确定长轴长度为 200】；

指定另一条半轴长轴长度或［旋转（R）］：50【输入 50 后回车，可得图 4-13 所示的椭圆】。

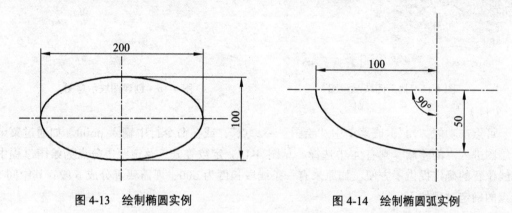

图 4-13 绘制椭圆实例　　　　　　图 4-14 绘制椭圆弧实例

（11）椭圆弧。

点击功能"11"，系统进入绘制椭圆弧，其实该命令也可以从绘制椭圆命令中选择 A 进入，在系统的提示下进行操作，就可以绘制出你所需要的椭圆弧。一个具体的绘制长轴为 200、短轴为 100，只含有 1/4 的椭圆弧命令如下（绘制结果见图 4-14）。

命令：_ellipse【点击"11"】；

指定椭圆的轴端点或［圆弧（A）/中心点（C）］：_a；

指定椭圆弧的轴端点或［中心点（C）］：200，200；

指定轴的另一个端点：@200，0【输入"200，0"自动作为相对坐标，这和 2004 版本不同】；

指定另一条半轴长度或［旋转（R）］：50；

指定起始角度或［参数（P）］：0；

指定终止角度或［参数（P）/包含角度（I）］：90。

注意：绘制椭圆弧所包含的角度是从轴的第一个端点以逆时针方向所构成的角度。

（12）插入块。

通过插入块操作，可以将一些在化工图样绘制中相同的或经常使用的图形的重复绘制工作省去，提高工作效率。点击功能"12"，进入插入块操作，系统弹出如图 4-15 所示对话框。

通过选择插入的图块名称及其他提示的要求，就可以插入图块，如果要插入的图块不是在当前图制作的，可以通过浏览进入其他目录，找到所需的图块。

（13）创建块。

点击功能"13"，可进入创建图块界面，如图4-16所示。输入所要创建的图块名，然后点击拾取点，在屏幕上捕捉创建图块的基准点，系统就会显示拾取点的坐标；再点击选择对象，回车，然后按确定键，就创建了所需的图块。在以后的绘制中，如果需要绘制和已创建的块相同的部件，可以通过插入块来实现。

图4-15　插入图块示意图　　　　　　　图4-16　创建图块示意图

（14）点。

可点击功能"14"；或菜单中"绘图"→"点"；或在命令行中输入 point。如通过菜单中绘图进入点的绘制，则有4中选择，见图4-17，定数等分点及定距等分点为绘图过程中基线位置的确定提供了方便。如原来有一条线段长度为600，现需要等分成6段，其中间5个点的确定过程如下。

命令：_line；

指定第一点：100，100；

指定下一点或［放弃（U）］：@700，0；

指定下一点或［放弃（U）］：【回车，绘制好见图4-18的线段】；

命令：_divide【点击图4-17中定数等分】；

选择要定数等分的对象：【选择图4-18中的线段】；

输入线段数目或［块（B）］：6【输入6，回车，见图4-19】。

注意：等分点绘制好以后，在显示上和原来没有区别，为了便于后续绘图，可将原线段删除，这时，等分点就可以显示出来，便于捕捉，见图4-19。

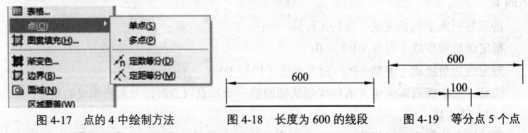

　图4-17　点的4中绘制方法　　　图4-18　长度为600的线段　　　图4-19　等分点5个点

（15）图案填充。

可点击功能"15"；或菜单中"绘图"→"图案填充"；或在命令行中输入 bhatch 执行命令之后，系统打开"图案填充对话框"，如图4-20所示。可在点击图案填充、高级、渐变色进行。

图 4-20　"图案填充"对话框

填充的一些设置工作。一般情况下，只要使用图 4-21 图案填充对话框就可以满足化工图样绘图的要求。在该对话框中，需设置图案、比例、角度，然后再选择拾取点，在屏幕上点击需要填充的地方，需要提醒读者的是需要填充的部分必须封闭，同时在当前视窗可见，否则，系统拒绝填充。画工图样绘制中常见的图案见图 4-21。

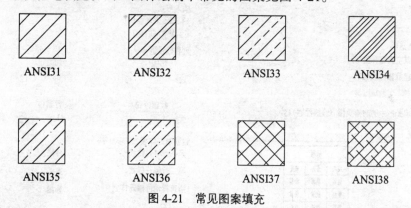

图 4-21　常见图案填充

（16）渐变色。

点击功能"16"；也可在点击功能"15"时，选择"渐变色"进入。见图 4-22。填图效果见图 4-23。其操作过程和图案填充相仿。

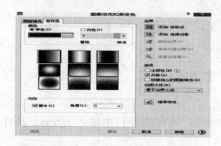

图 4-22　"渐变色填充"对话框

图 4-23　渐变色填充效果示意图

（17）创建面域。

可点击功能"17"；或菜单中的"绘图"→"面域"；或在命令行中输入 region，其作用是将一个封闭的区域转变成面域，为以后进行其他工作做准备，一个具体的执行命令过程如下。

命令：_region；

选择对象：找到 1 个；

选择对象：

已提取 1 个环；

已创建 1 个面域。

（18）插入表格。

可点击功能"18"；或菜单中的"绘图"→"表格"；或在命令行中输入"table"，出现图 4-24 所示的对话框。

当插入方式选定"指定插入点"时，可对行数、列数、列宽和行高均进行设置，需要注意的是行高的设置中行高的单位是"行"，每行的高度为 9，如果你选择行高为 2，其实际高度为 18；当插入方式选定"指定窗口"时，只能在行数和行高中选其一，列数和列宽选其一进行设置；剩下的两个变量取决于窗口的大小。插入表格后，可以仿照 office 软件中的操作进行数据和文字输入。表格中字体大小和形式可以进行选定。

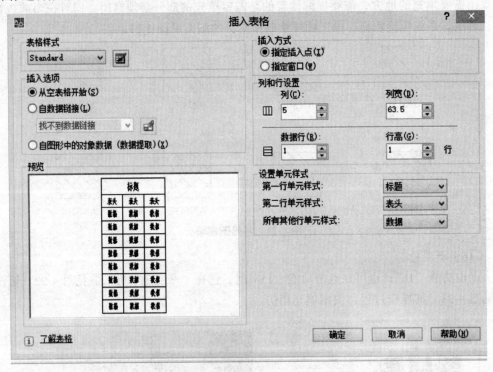

图 4-24 "插入表格"对话框

（19）填充文字。

可点击功能"19"；或菜单中的"绘图"→"文字"；或在命令行中输入 mtext，其详细使用将在下一节单独讲解。

（20）删除。

可点击功能"20"；或菜单中的"修改"→"删除"；或在命令行中输入 erase，一个具体的删除命令如下所示。

命令：_erase【点击功能"20"】；

选择对象：找到 1 个【若目标多个，可采用鼠标从右上向左下拖动】；

选择对象：【若不再另选物体，则回车，所选对象被删除】。

（21）复制。

可点击功能"21"；或菜单中的"修改"→"复制"；或在命令行中输入 copy，一个具体的复制命令如下（复制过程见图 4-25）

命令：_copy【点击功能"21"】；

选择对象：找到 1 个【选择图 4-25 中虚线所示矩形】；

选择对象：【回车，如果多个对象，可继续选择，最后通过回车结束选择对象】；

当前设置：复制模式=多个；

指定基点或［位移（D）/模式（O）］<位移>：【点击图 4-25 中 A 点】；

指定第二个点或<使用第一个点作为位移>：【点击图 4-25 中 B 点】；

指定第二个点或［退出（E）/放弃（U）］<退出>：【点击图 4-25 中 C 点】；

指定第二个点或［退出（E）/放弃（U）］<退出>：【点击图 4-25 中 D 点】；

指定第二个点或［退出（E）/放弃（U）］<退出>：【回车，完成复制】。

（22）镜像。

可点击功能"22"；或菜单中的"修改"→"镜像"；或在命令行中输入 mirror，具体方法如下（见图 4-26）。

命令：_mirror；

选择对象：找到 1 个【选择图 4-26 中左边三角形】；

选择对象：【回车，如果还有其他对象，可以继续选择】；

指定镜像线的第一点：【点击图 4-26 中 A 点】；

指定镜像线的第二点：【点击图 4-26 中 B 点】；

要删除源对象吗？［是（Y）/否（N）］<N>：【回车，完成镜像】。

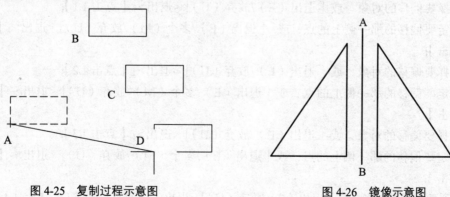

图 4-25　复制过程示意图　　　　　　图 4-26　镜像示意图

（23）偏移。

可点击功能"23"；或菜单中的"修改"→"偏移"；或在命令行中输入 offset。该命令用于生成从已有对象偏移一定距离的新对象，新对象和原对象形状相仿或相同，熟悉应用偏移功能，能够提高图形的绘制速度。下面是一个矩形向外偏移的操作过程。

命令：_offset【点击功能"23"】；

当前设置：删除源=否　图层=源　OFFSETGAPTYPE=0；

指定偏移距离或［通过（T）/删除（E）/图层（L）］<20.0000>：30【输入 30 作为偏移距离】；

选择要偏移的对象，或［退出（E）/放弃（U）］<退出>：【点击 4-27 中内部的矩形 R1】；

指定要偏移的那一侧上的点，或［退出（E）/多个（M）/放弃（U）］<退出>：【在 R1外部点击】；

选择要偏移的对象，或［退出（E）/放弃（U）］<退出>：【回车，完成图 4-27 左边的偏移】。

上例即图 4-27 中左半图所示，由于该矩形为一个整体，所以偏移为整体偏移，目前方向为由内向外，也就是每边向外偏移 30 单位，当然也可以向内偏移，只要选择在 R1 内部点击即可。下面操作的结果是图 4-27 右半图所示一组平行直线，间隔为 30 单位，原来只有L1 一条线段，通过偏移生成 L2、L3、L4。

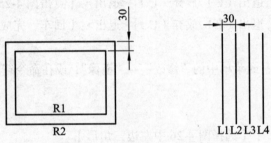

图 4-27　OFFSET 命令实例

命令：_offset；

当前设置：删除源=否　图层=源　OFFSETGAPTYPE=0；

指定偏移距离或［通过（T）/删除（E）/图层（L）］<30.0000>：【回车，默认原来的设置】；

选择要偏移的对象，或［退出（E）/放弃（U）］<退出>：【点击 L1】；

指定要偏移的那一侧上的点，或　［退出（E）/多个（M）/放弃（U）］<退出>：【在 L1右边点击】；

选择要偏移的对象，或［退出（E）/放弃（U）］<退出>：【点击 L2】；

指定要偏移的那一侧上的点，或［退出（E）/多个（M）/放弃（U）］<退出>：【在 L2右边点击】；

选择要偏移的对象，或［退出（E）/放弃（U）］<退出>：【点击 L3】；

指定要偏移的那一侧上的点，或［退出（E）/多个（M）/放弃（U）］<退出>：【在 L3右边点击】；

选择要偏移的对象，或［退出（E）/放弃（U）］<退出>：【回车，完成 L2、L3、L4 绘制】。

（24）阵列。

可点击功能"24"；或菜单中的"修改"→"阵列"；或在命令行中输入 array，系统会弹出如图 4-28 所示对话框，通过对话框的不同设置可以绘制出如图 4-31 所示的三种列阵效果图。图 4-31（a）是矩形列阵，参数设置如图 4-28 所示，其具体命令如下。

命令：_array【点击功能"24"，弹出对话框，选择矩形列阵，设置好参数，见图 4-28】；

选择对象：找到 1 个【点击对话框中的"选择对象"选择图 4-31（a）左下角的正六边形】；

选择对象：【回车，点击对话框中的确定键，完成矩形列阵】；

提醒：在矩形列阵中，行间距以向上为正，列间距以向右为正，如果行间距或列间距设置过小，会出现图形重叠。

图 4-31（b）是不旋转的环形列阵，参数设置见 4-29，具体命令如下。

命令：_array【点击功能"24"，弹出对话框，选择环形列阵，设置好参数，如图 4-29】；

选择对象：找到 1 个【点击对话框中的"选择对象"选择图 4-31（b）中下方的正六边形】；

选择对象：【回车】；

指定阵列中心点：【点击中心点选择图标，鼠标在源图左上方点击，并通过预览确定点的选取是否合理，如果中心点选择不合理的话，会出现图形重叠，可点击修改，重新选择中心点】。

图 4-31（c）的绘制过程和 4-31（b）相仿，其参数设置的对话框见图 4-30，具体绘制过程不再赘述。

图 4-28　矩形列阵设置

图 4-29　环形列阵不旋转设置

图 4-30　环形列阵旋转设置

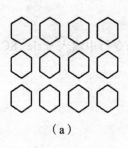
（a）

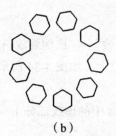
（b）

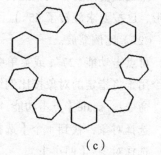
（c）

图 4-31　ARRAY 命令应用

（25）移动。

可点击功能"25"；或菜单中的"修改"→"移动"；或在命令行中输入 move。移动命令用于将指定对象从原位置移动到新位置，注意移动时基点的选择。如图 4-32 中所示。

命令：_move【点击功能 "25"】；

选择对象：找到 1 个【选择 4-32 中虚线所示的矩形】；

选择对象：【回车】；

指定基点或［位移（D）］<位移>：【选择图 4-32 中虚线矩形的左下角作为基点】；

指定第二个点或<使用第一个点作位移>：【鼠标移动到需要位置点击即可移动原虚线所示的矩形】。

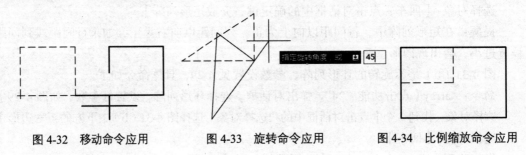

图 4-32　移动命令应用　　　　图 4-33　旋转命令应用　　　　图 4-34　比例缩放命令应用

（26）旋转。

可点击功能 "26"；或菜单中的"修改"→"旋转"；或在命令行中输入 rotate。ROTATE 命令可以使图形对象绕某一基准点旋转，改变图形对象的方向。旋转以基准点向右的水平为基准线，以逆时针方向为计算角度，如图 4-33 所示。

命令：_rotate【点击功能 "26"】；

UCS 当前的正角方向：ANGDIR=逆时针　ANGBASE=0；

选择对象：找到 1 个；

选择对象：找到 1 个，总计 2 个；

选择对象：找到 1 个，总计 3 个【选择图 4-33 中的虚线三角形】；

选择对象：【回车】；

指定基点：【选三角形直角点处为基点】；

指定旋转角度，或［复制（C）/参照（R）］<0>：45【回车即可得图 4-33 中的实线三角形，已按要求旋转了 45°】。

（27）比例缩放。

可点击功能 "27"；或菜单中的"修改"→"比例缩放"；或在命令行中输入 scale。SCALE 命令用于将指定的对象按比例缩小或放大，如图 4-34 所示。

命令：_scale【点击功能 "27"】；

选择对象：找到 1 个【选择图 4-34 中的虚线部分】；

选择对象：【回车】；

指定基点：【选基点为左上角点】；

指定比例因子或［复制（C）/参照（R）］：2【图形向右扩大 1 倍，见图 4-34 中的实线部分】。

提醒：若基点为右下角点，则图形向左上方放大。

（28）拉伸。

可点击功能"28"；或菜单中的"修改"→"拉伸"；或在命令行中输入 stretch。

STRETCH 命令用于将指定的对象按指定点进行拉伸变形，如图 4-35 所示。

命令：_stretch；

以交叉窗口或交叉多边形选择要拉伸的对象...；

选择对象：找到 1 个；

选择对象：找到 1 个，总计 2 个；

选择对象：找到 1 个，总计 3 个【选择图 4-35 中的虚线三角形】；

选择对象：【回车】；

指定基点或［位移（D）］<位移>：【点击 A 点】；

指定第二个点或<使用第一个点作为位移>：【A 点拉到 B 处，即原来虚线三角形拉伸】。

提醒：拉伸操作既可以放大也可以缩小，但其和真实的放大缩小有区别，其形状会有所不同，因为其变化的原理是从基点出发，沿鼠标移动方向拉伸。如果单独拉伸矩形和圆形，得到的结果是图形形状大小均不变，只作位置移动，但如果和三角形或五边形一起拉伸，则也可能将矩形拉伸。

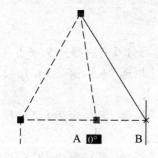

图 4-35　拉伸命令应用

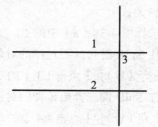

图 4-36　修剪前示意图

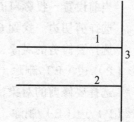

图 4-37　修剪后示意图

（29）修剪。

可点击功能"29"；或菜单中的"修改"→"修剪"；或在命令行中输入 trim。trim 命令用于将超过指定对象边界以外的线段删除。如图 4-36 所示，以线段 3 为基准，将超过线段 3 的右边部分剪去，其功能就像平时用的剪刀，故称修剪，一个具体的命令操作过程如下。

命令：_trim；

当前设置：投影=UCS，边=无；

选择剪切边...【点击线段 3】；

选择对象：找到 1 个；

选择对象【回车】；

选择要修剪的对象，或按住 Shift 键选择要延伸的对象，或［栏选（F）/窗交（C）/投影（P）/边（E）/删除（R）/放弃（U）］：【点击线段 1 在线段 3 的右边部分】；

选择要修剪的对象，或按住 Shift 键选择要延伸的对象，或［栏选（F）/窗交（C）/投影（P）/边（E）/删除（R）/放弃（U）］：【点击线段 2 在线段 3 的右边部分】；

选择要修剪的对象，或按住 Shift 键选择要延伸的对象，或［栏选（F）/窗交（C）/投影（P）/边（E）/删除（R）/放弃（U）]:【回车，修剪结果见图 4-37】；

提醒：修剪操作如能灵活应用，可以快速绘制许多图形，如绘制十字路口，可先画两横线和两纵线，然后通过下面修剪操作即可，过程图见图 4-38。

命令：_trim【点击功能"29"】；

当前设置：投影=UCS，边=无；

选择剪切边；

选择对象或<全部选择>:

指定对角点：找到 2 个【选择图 4-38（a）中的 L3、L4】；

选择对象：【回车】；

选择要修剪的对象，或按住 Shift 键选择要延伸的对象，或［栏选（F）/窗交（C）/投影（P）/边（E）/删除（R）/放弃（U）]:【点击 L1 上的"3"处】；

选择要修剪的对象，或按住 Shift 键选择要延伸的对象，或［栏选（F）/窗交（C）/投影（P）/边（E）/删除（R）/放弃（U）]:【点击 L2 上的"4"处】；

选择要修剪的对象，或按住 Shift 键选择要延伸的对象，或［栏选（F）/窗交（C）/投影（P）/边（E）/删除（R）/放弃（U）]:【回车，线段 3、4 将被删除】；

命令：trim；

当前设置：投影=UCS，边=无；

选择剪切边…找到 6 个【选择图 4-38（a）中的 L1、L2 左边部分及右边部分 5、6】；

选择要修剪的对象，或按住 Shift 键选择要延伸的对象，或［栏选（F）/窗交（C）/投影（P）/边（E）/删除（R）/放弃（U）]:【点击 L3 上的"1"处】；

选择要修剪的对象，或按住 Shift 键选择要延伸的对象，或［栏选（F）/窗交（C）/投影（P）/边（E）/删除（R）/放弃（U）]:【点击 L4 上的"2"处】；

选择要修剪的对象，或按住 Shift 键选择要延伸的对象，或［栏选（F）/窗交（C）/投影（P）/边（E）/删除（R）/放弃（U）]:【回车，得图 4-38（b）完成十字交通绘制】。

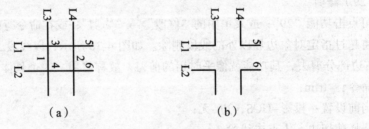

图 4-38　十字交通绘制

（30）延伸。

可点击功能"30"；或菜单中的"修改"→"延伸"；或在命令行中输入 extend。extend 命令用于将指定对象延伸到所希望的边界上。如图 4-39 所示，以线段 3 为边界，将线段 1 和 2 延伸到 3，一个具体的命令操作过程如下。

命令：_extend【点击功能"30"】；

当前设置：投影=UCS，边=无；

选择边界的边；

选择对象：找到 1 个【点击线段 3】；

选择对象：【回车】；

选择要修剪的对象，或按住 Shift 键选择要延伸的对象，或［栏选（F）/窗交（C）/投影（P）/边（E）/删除（R）/放弃（U）］：【点击线段 1】；

选择要修剪的对象，或按住 Shift 键选择要延伸的对象，或［栏选（F）/窗交（C）/投影（P）/边（E）/删除（R）/放弃（U）］：【点击线段 2】；

选择要修剪的对象，或按住 Shift 键选择要延伸的对象，或［栏选（F）/窗交（C）/投影（P）/边（E）/删除（R）/放弃（U）］：【回车，完成延伸任务，具体见图 4-39 的右边部分】。

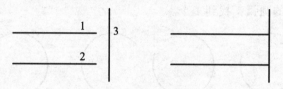

图 4-39　延伸示意图

（31）一点打断。

点击功能"31"；该操作的功能是将一个线段通过某一个打断点将其分成两段，以便将多余的一段删除，具体操作过程如下（结果见图 4-40）。

命令：_break 选择对象：【点击功能"30"】；

指定第二个打断点或［第一点（F）］：_f【选择直线 L1】；

指定第一个打断点：【在 L1 的左边 A 处点击，L1 就在 A 处被打断】；

指定第二个断点。

图 4-40　直线被点打断示意图

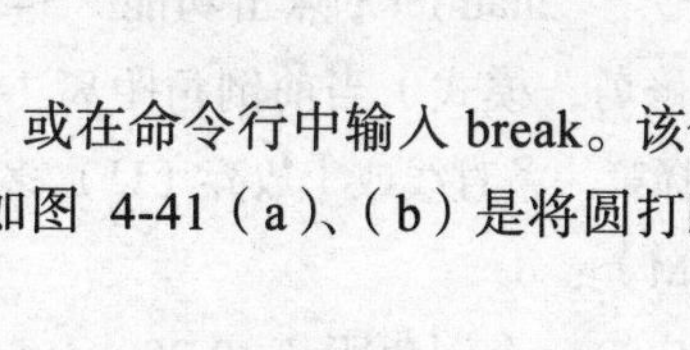

图 4-41　打断圆示意图

（32）二点打断。

点击功能"32"；或菜单中的"修改"→"打断"；或在命令行中输入 break。该命令用于将指定对象通过两点打断，留下剩下的其余部分。如图 4-41（a）、（b）是将圆打断的过程图，其操作过程如下所示。

命令：_break；

选择对象：【点击功能"32"，并选择圆】；

指定第二个打断点或［第一点（F）］：_f【输入 f，回车】；

指定第二个打断点：【选择图 4-41 中的 A 点】；

指定第二个打断点：【选择图 4-41 中的 B 点，即成如图 4-41（b）所示】。

注意：在将圆打断时，打断的部分是前后两点的逆时针移动部分，如果打断第一点选择 B 点，第二点选择 A 点，则打断后的效果如图 4-41（c）所示；如果不输入 f，直接选取 A 点，则将选择圆时所取的点 C 作为第一大段的效果如图 4-41（d）所示。

（33）合并。

点击功能"33"；或菜单中的"修改"→"合并"；或在命令行中输入 join。该命令用于将断开的圆弧和线段合并成一个圆弧或整个圆或整条线段，灵活应用该命令，可提高绘图速度。将圆弧合并的过程见图 4-42。其中将圆弧合并的操作过程如图所示。

命令：_join；

选择源对象：【点击功能"33"，并选择图 4-42（a）中的上圆弧】；

选择圆弧，以合并到源或进行［闭合（L）］：【点击图 4-42（a）中的下圆弧】；

选择要合并到源的圆弧：找到 1 个。

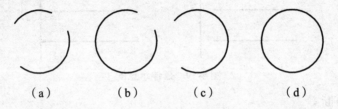

（a）　　　　（b）　　　　（c）　　　　（d）

图 4-42　圆弧合并示意图

已将 1 个圆弧合并到源【得见图 4-42（b）圆弧】

注意：圆弧合并过程中遵循逆时针移动原则，如在上面的操作中先选择图 4-42（a）中的下圆弧，再选择上圆弧，其结果如图 4-42（c）所示；如果选择任何一个圆弧后，直接输入"L"，则得到包含该圆弧的整个圆，如图 4-42（d）所示。一般情况下，只有原来同属一个圆的圆弧才能合并，原来不属于同一个圆的圆弧不能合并，在线段合并时也只有原来同属同一条直线的线段才能合并，否则不能合并。

（34）倒角。

点击功能"34"；或菜单中的"修改"→"倒角"；或在命令行中输入 chamfer。该操作可以将直角进行修剪变成两个钝角，如图 4-43（a）所示，经过倒角处理变成图 4-43（b），倒角的具体操作过程如下。

命令：_chamfer【点击功能"34"】；

（"修剪"模式）当前倒角距离 1=0.0000，距离 2=0.0000；

选择第一条直线或［放弃（U）/多段线（P）/距离（D）/角度（A）/修剪（T）/方式（E）/多个（M）］：d；

指定第一个倒角距离<0.000>：60【输入 60 作为第二个倒角距离，回车】；

指定第二个倒角距离<60.000>：60【输入 60 作为第二个倒角距离，回车】；

选择第一条直线或［放弃（U）/多段线（P）/距离（D）/角度（A）/修剪（T）/方式（E）/多个（M）］：【点击图 4-43（a）中的 L1】；

选择第二条直线，或按住 Shift 键选择要应用角点的直线：【点击图 4-43（a）中的 L2，得图 4-43（b）】。

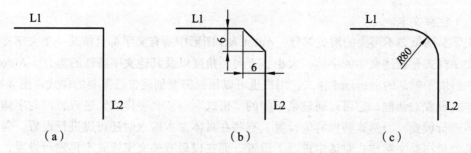

图 4-43　倒角和倒圆角示意图

（35）倒圆角。

点击功能"35"或菜单中的"修改"→"圆角"；或在命令行中输入 fillet。

该操作可以将直角修剪为圆角，如图 4-43（a）所示，经过圆角处理变成图 4-43（c），圆角的具体操作过程如下。

命令：_fillet【点击功能"35"】；

当前设置：模式=修剪，半径=0.0000；

选择第一个对象或［放弃（U）/多段线（P）/半径（R）/修剪（T）/多个（M）］：R；

指定圆角半径<0.0000>：80【输入 80 作为圆角半径，回车】；

选择第一个对象或［放弃（U）/多段线（P）/半径（R）/修剪（T）/多个（M）］：【点击图 4-43（a）中的 L1】；

选择第二个对象，或按住 Shift 键选择要应用角点的对象：【点击图 4-43（a）中的 L2，得图 4-43（c）】。

（36）分解。

点击功能"36"；或菜单中的"修剪"→"分解"；或在命令行中输入 explode。该操作能够将原来作为整体的矩形、多边形分解成边，以便进行个别处理。如想要绘制如图 4-44（a）所示，只要先利用绘制正多边形的功能绘制图 4-44（b），然后选择该图进行分解，就可以删除该图上面的一条水平线，很方便地绘制图 4-44（a）。

注意：圆和椭圆不能被分解。

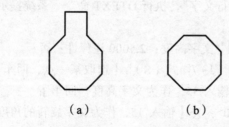

图 4-44　分解示意图

4.2.4　AutoCAD 2008 文本输入和尺寸标注

一张图纸之中除了图形绘制之外，还有相应的文字及尺寸标注。本节将介绍如何对 CAD 中的绘图区域进行注释和标注。

（1）注释文本。

文字是图纸必不可少的组成部分，AutoCAD 图形中所有文字都是按某一个文字样式生成。文字样式是描述文字的字体、大小、方向、角度以及其他文字特性的集合。AutoCAD 为用户提供了默认的 standard 样式，用户也可以根据需要创建自己需要的样式。图 4-45 是文字样式设置对话框，它可以通过菜单中的"格式"→"文字样式"进入，可对字体大小效果等进行设置，当然这些内容的设置，有些在具体文本输入时还可以进行设置，需要注意的是如果在此文字样式对话中进行了设置，而在以后有关文字样式不再进行设置，而是以文字样式设置中的设置为准，以后只要修改文字样式中的设置，原来已经输入的文字样式也随之改变；如果在具体文本输入时，又重新进行了设置，则以重新设置的为准，且当本对话框设置改变时，原来的文本样式也不会改变。

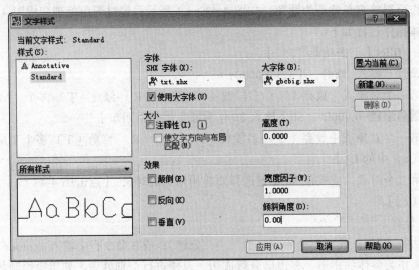

图 4-45　"文字样式设置"对话框

① 单行文字的输入。

AutoCAD 2008 提供了 DTEXT 命令用于向图中输入单行文本，也可以从下拉菜单中选取"绘图"→"文字"→"单行文字"，执行 DTEXT 命令。系统提示如下。

命令：_dtext；

当前文字样式："Standard" 文字高度：2.5000 注释性：否；

指定文字的起点或［对正（J）/样式（S）]：【选取某一点，回车，默认其他设置】；

指定高度<2.5000>：35【输入 35，作为文字高度，回车】；

指定文字的旋转角度<0.00>：15【输入 15，作为文字旋转的角度，输入 3567889 后回车，再输入 4343434434，将鼠标移动到其他地方，连续两次回车，即得图 4-46（a）】；

命令：dtext；

当前文字样式："Standard" 文字高度：35.0000 注释性：否；

指定文字的起点或［对正（J）/样式（S）]：【选取某一点，回车，默认其他设置】；

指定高度<35.0000>：60【输入 60，作为文字高度，回车】；

指定文字的旋转角度<15.00>：-15【输入-15，作为文字旋转的角度，输入 12132456

后将鼠标移动到其他地方，连续两次回车，即得图 4-46（b）】。

提醒：尽管是单行文字输入，但通过回车，仍可以输入多行文字，如图 4-46（a）所示；单行文字输入中可以对字的大小和旋转角度进行重新设置，但字体只能通过图 4-45 文字样式设置对话框进行设置。

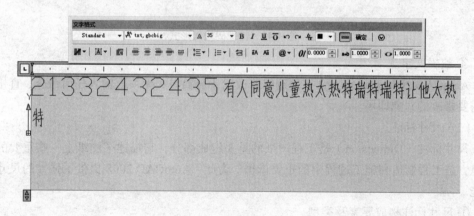

3567889
434343434

12132456

(a)   (b)

图 4-46 单行文字输入

② 多行文字的输入。

从下拉菜单中选取"绘图"→"文字"→"多行文字"，执行 MTEXT 命令；或在"绘制"工具栏中单击 A 按钮；或者直接在命令行键入 MTEXT 命令。系统提示如下。

命令：_mtext；

当前文字样式："Standard"文字高度：20 注释性：否；

指定第一角点：【点击一点】；

指定对角点或［高度（H）/对正（J）/行距（L）/旋转（R）/样式（S）/宽度（W）/栏（C）］:【右上角点击一点，对图 4-47 进行设置，然后输入所需文本，点击确定即可】。

图 4-47 多行文字输入

在 AutoCAD 2008 中，提供了功能强大的多行文字编辑器。具体的情况和其他应用软件如 Word 2003 差不多，可进行多种属性设置。其优点是一次可输入多行文字且字体、字高可不相同，还可以设置行宽、行间距、编码、特殊符号输入等，为输入复杂文字提供了保障。其提示窗口如图 4-47 所示。

③ 特殊字符。

为了满足图纸上对特殊字符的需要，AutoCAD 提供了控制码来输入特殊字符。

%%d：用于生成角度符号"°"。

%%p：用于生成正负公差符号"±"。

%%c：用于生成圆的直径标注符号"ϕ"。

\U+00B2：用于生成上标 2，表示平方。

\U+00B3：用于生成上标 3，表示立方。

\U+2082：用于生成下标 2。

\U+2083：用于生成下标 3。

更多的特殊码输入形式见图 4-48，同时可以改变像"\U+00B3"特殊码中的最后一位数字，得到同一类但不同数字的特殊码。

图 4-48　特殊码输入形式

④ 编辑文字。

AutoCAD 2008 对已输入文字的编辑修改已十分简单，无须再输入任何命令，直接双击所需要修改的对象即可。

（2）尺寸标注。

尺寸标注（Dimension）是工程图纸的重要组成部分，它描述了图纸上一些重要的几何信息，是工程制造和施工过程中的重要依据。为此，AutoCAD 2008 提供了强大的尺寸标注功能。

① 尺寸标注构成要素及类型。

从前面的内容知道，一个完整的尺寸标注通常由尺寸线、尺寸界线、起止符号和尺寸文字组成。

AutoCAD 2008 为用户提供了三种类型的尺寸标注：线性标注（line）、径向尺寸标注（radial）和角度标注（angular）。

线性标注：线性标注用来标注线性尺寸，如对象之间距离、对象的长、宽等。又可分为水平标注，垂直标注、对齐标注、旋转标注、坐标标注、基线标注、连续标注等。

径向尺寸标注：径向尺寸标注用来标注圆或弧的直径、半径尺寸。

角度标注：角度标注用来标注图纸上两条相交直线或圆弧的角度尺寸。

②尺寸标注样式设置。

从下拉菜单中选取"格式→标注样式"进入"标注样式管理器",如图4-49所示。单击"新建(N)"按钮,弹出图4-50创建新标注样式对话框。输入"新样式名"、选择"基础样式(S)"、"用于(U)"之后单击"继续",弹出新尺寸样式对话框如图4-51,此对话框就是尺寸标注样式的各个变量的设定。修改、替换和创建是一样的过程。

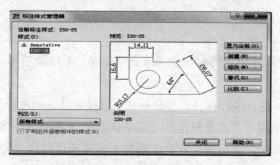

图4-49　标注样式管理器

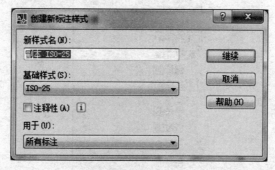

图4-50　修改尺寸样式

图4-51　"修改尺寸样式"对话框

在图 4-49 标注样式管理器中根据你的要求单击"修改""替代"其中的一个，弹出新（修改、替换）尺寸样式对话框，如图 4-51 所示。

此对话框包括七个部分："线""符号和箭头""文字""调整""主单位""换算单位"和"公差"。

设置完成之后就可以进行尺寸标注了，当然在标注过程之中还可以对标注形式进行修改，直到满意为止。

③ 线性尺寸标注。

AutoCAD 2008 中尺寸标注的命令全部放在"标注"下拉菜单和"标注"工具栏中。如图 4-52 所示。

线性标注、对齐标注、坐标标注、半径标注、直径标注、角度标注见图 4-53 ~ 图 4-57。需要注意的是在坐标标注中，水平标注的文字是该点的 y 的坐标，垂直标注的是该点的 x 坐标；直径标注中，输入文字时需要在文字前加上直径标注符号"%%c"。

图 4-52　标注工具栏

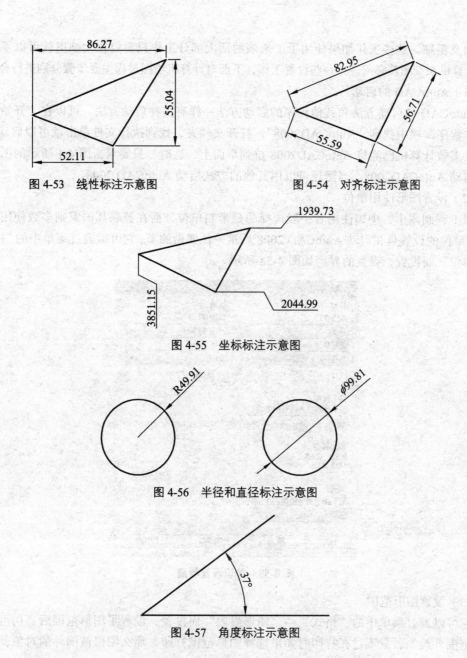

图 4-53　线性标注示意图

图 4-54　对齐标注示意图

图 4-55　坐标标注示意图

图 4-56　半径和直径标注示意图

图 4-57　角度标注示意图

4.2.5　利用 AutoCAD 2008 绘图的步骤

利用 AutoCAD 来绘制化工图样过程其实和利用铅笔、图纸及一些作图工具来绘制化工图样是相仿的。首先必须有设计人员提供的"××设计条件单"及根据条件单计算得到的各种主要尺寸如像设备装配图中的总高、宽、长及壁厚等数据；其次必须根据图样所表达内容的复杂程度确定图样的表达方式；再次根据图样的总尺寸、表达方式（用多少个视图及局部剖面图）以及技术特性、管口表、标题栏、明细表等内容所占的空间确定图纸的大小和比例。也就是说在用计算机制图前，已做好制图的各种准备工作以及草图。这些准备工作对于电脑来说主要有启动 AutoCAD、设置图形范围、设置图形使用单位、设置图层、设置线型及粗细。这些工作如果使用手工来画的话大部分工作只要放在大脑里就可以了，而利用计算机来制图就必须进行一些设置工作，下面对计算机绘图过程主要步骤分别进行介绍。

（1）AutoCAD 的启动。

AutoCAD 的启动方法和其他程序的启动方法一样有多种启动方法。可以在"开始"菜单的"程序"项中找到"AutoCAD2008"，打开文件夹，找到执行文件单击就可以启动。

大多数计算机已经将 AutoCAD2008 拉到桌面上，这时，只要双击图 4-1 所示的图标就可以启动 AutoCAD2008。当然还可以用其他的方法启动 AutoCAD 2008。

（2）设置图形使用单位。

在工程制图中，中国使用者一般选择的是米制单位，而在英联邦国家则多数使用英制单位。单位的设置是在启动 AutoCAD 2008 后第一件要做的事，它可以通过菜单中的"格式"→"单位"而设置，设置的界面如图 4-58 所示。

图 4-58　单位设置界面

（3）设置图形范围。

它可以通过菜单中的"格式"→"图形界限"而设置，设置了图形范围后，仍可以在图形范围外绘制，只不过在打印时如果选择图形范围打印，那么图形范围外的对象就不会打印。一个具体的设置命令如下。

命令：LIMITS；

重新设置模型空间界限：

指定左下角点或【开（ON）/关（OFF）】<910.2875，319.1444>：0，0；

指定右上角点<1796.3209，944.9682>：500，700；

设置图层及图层的颜色、线型和粗细。

做完上面的工作，相当于已经将一张合适大小的图纸展现在你的眼前，并已准备好了各种工具。现准备开始动笔绘画了，但在动笔之前需先考虑一下图纸共有几部分组成，每一部分应用的线条粗细及类型等问题。这些问题在电脑制图中需要预先进行设置。当然也可以在以后需要时进行添加或重置，但这样在制图工程中会缺乏条理性，有时也会增加许多工作。

设置图层一般有两种方法：一种方法是单击图 4-2 标准工具栏中的图层设置功能；另一种方法是单击菜单栏中的"格式"，在其下拉式菜单中选择"图层"。两种方法均弹出一样的如图 4-59 所示的对话框。在图 4-59 对话框中可以完成许多工作，如根据具体需要添加图层，设置图层颜色、线型、线宽及图层的上锁、冻结、关闭等工作，这些工作在整个化工制图过程中均要用到，下面分别介绍。

① 添加图层。

根据实际需要，化工图样一般可设置 8 个图层，0 图层为图纸框，1 图层为标题栏、明细栏、管口表、技术要求及技术特性表，2 图层为中心线及基准线，3 图层为结构线，4 图层为剖面线，5 图层为焊缝及法兰填料，6 图层为尺寸标注，7 图层为指引线。要完成上述工作，只需点击 7 次图 4-59 左上方的"添加图层"，在对话框下方就会有图层 0 至图层 7 共 8 个图层。

② 设置图层颜色。

单击图 4-59 中需设置图层颜色的图层名，使其颜色反转如图中的图层 0。

单击图 4-59 中选中的颜色（White），系统弹出图 4-60 的对方框。

在图 4-60 对话框中选择合适的图层颜色，每一个图层设置一个不同的颜色。

单击"确定"，系统就将图层 0 的颜色设置成蓝色。

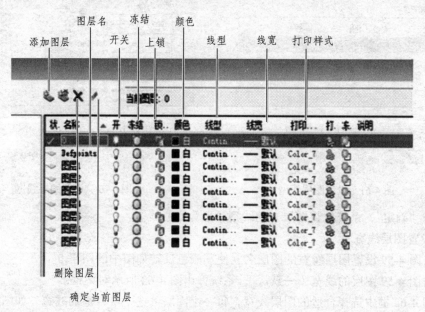

图 4-59　设置图层

③ 设置图层线型。

单击图 4-59 中需设置图层线型的图层名，使其颜色反转如图中的图层 0。

单击图 4-59 中选中图层的线型（Continuous），系统弹出图 4-61 的对话框。

在图 4-61 对话框中选择合适的图层线型，每一个图层可选一个合适的线型，如画中心线应选"Center"（如可选线型不够，可点击"加载"加载线型）。

图 4-60　设置图层颜色

图 4-61　设置图层线型

图 4-62　设置图层线宽

单击"确定"，系统就将图层 0 的线型设置为中心线。

④ 设置图层线宽。

单击图 4-59 设置图层线宽的图层名，使其颜色反转如图中的图层 0。

单击图 4-59 图层的线宽（—默认），系统弹出图 4-62 所示对话框。

在图 4-62 框中选择合适的图层线宽，每一个图层可选一个合适的线宽，如图层 0 画边框的可选 0.4 mm 的线宽。

单击"确定"，设置好图层线宽。

⑤ 设置图层控制状态。

图层的控制状态共有三个按钮，在选中图层名后，可直接点取，点击一次改变状态，点击两次恢复原来的状态，具体的作用如下。

"On/Off"关闭图层后，该层上的实体不能在屏幕上显示或由绘图仪输出。在重新生成图形时，层上的实体仍将重新生成。

"Freeze/Thaw"冻结图层后，该层上的实体不能在屏幕上显示或由绘图仪输出。在重新生成图形时，冻结层上的实体将不被重新生成。

"Lock/Unlock"图层上锁后，用户只能观察该层上的实体，不能对其进行编辑和修改，但实体仍可以显示和绘图输出。

（4）设置绘图界面颜色。

有时需要将 AutoCAD 中的图直接粘贴到 Word 文档中，这时如果 AutoCAD 中的绘图界面是黑字白底的话，粘贴到 Word 文档就无法将其修改成白底黑字了，影响了 Word 文档的编辑，这时可以利用下面的操作进入界面颜色的修改，见图 4-63 具体的操作过程如下：工具→选项→显示→颜色。

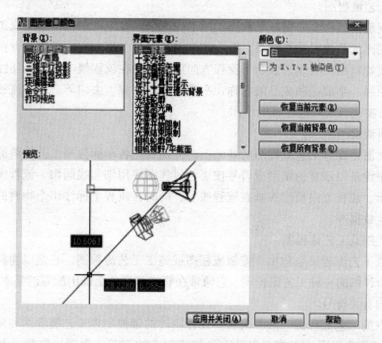

图 4-63　设置图层界面颜色

（5）进入正式绘图工作。

完成以上工作后，就可以进入正式的绘图工作了。当然，对于一些较简单的图形，也可边绘制，边做一些具体的设置工作。不过，对于内容较复杂的装配图，建议读者先完成一系列的设置工作，并将其作为图样模板，在下一次绘制同类图样时，可将其调出使用。

4.3　化工制图概述

化工制图主要是绘制化工企业在初步设计阶段和施工阶段的各种化工专业图样，主要有化工工艺图、设备布置图、管道布置图及设备装配图等，是每一个化工工程师必须具备的能力。这些图样既可以手工绘制也可以计算机辅助绘制，不管采用哪一种方法绘制，都需要对化工图样的基本知识有所了解。如果读者想对图样的主要内容、图样的绘制标准、图样的主要表达方法等详细学习，可以参考《化工制图》等教材。下面结合相关案例对化工专业的各种图样的绘图方法进行介绍。

4.3.1 化工工艺图

化工工艺图是用于表达化工生产过程中物料的流动次序和生产操作顺序的图样。由于不同的使用要求，属于工艺流程图性质的图样有许多种。一般在各种论文或教科书见到的工艺流程各具特色，没有强制统一的标准，只要表达了主要的生产单元及物料走向即可。而较规范的工艺流程图一般有以下三种。

（1）总工艺流程图。

总工艺流程图或称全厂物料平衡图，用于表达全厂各生产单位（车间或工段）之间主要物流的流动路线及物料衡算结果。图上各车间（工段）用细实线画成长方框来表示，流程线中的主要物料用粗实线来表示，流程方向用箭头画在流程线上。图上还注明了车间名称，各车间原料、半成品和成品的名称、平衡数据和来源、去向等。这类流程图通常在对设计或开发方案进行可行性论证时使用。

（2）物料流程图。

物料流程图是在总工艺流程图的基础上，分别表达各车间内部工艺物料流程的图样。物料流程图中设备以示意的图形或符号按工艺过程顺序用细实线画出，流程图中的主物料用粗实线表示，流程方向用箭头画在流程线上，同时在流程上标注出个物料的组分、流量以及设备特性数据等。

（3）带控制点工艺流程图。

带控制点工艺流程图也称生产控制流程图或施工工艺流程图，它是以物料流程图为依据，内容较为详细的一种工艺流程图。它通常在管线和设备上画出配置的基本阀门、管件、自控仪表等的有关符号。

带控制点的工艺流程图一般分为初步设计阶段的带控制点工艺流程图和施工设计阶段带控制点的工艺流程图，而施工设计阶段带控制点的工艺流程图也称管道及仪表流程图（PID 图）。在不同设计阶段，图样所表达的深度有所不同。初步设计阶段的带控制点的工艺流程图是在物料流程图、设备设计计算及控制方案确定完成之后进行的，所绘制的图样往往只对过程中的主要和关键设备进行稍微详细的设计，次要设备以仪表控制点等考虑得比较粗略。此图在车间布置设计中作适当修改后，可绘制成正式的带控制点的工艺流程图作为设计成果编入初步设计阶段的设计文件中，而管道及仪表流程图与初步设计的带控制点工艺流程图的主要区别在于更为详细地描述了一个车间（装置）的生产全过程，着重表达全部设备与全部管道连接关系以及生产工艺过程的测量、控制及调节的全部手段。

（4）PID 图。

PID 图是设备布置设计和管道设计的基本资料，也是仪表测量点和控制调节器安装的指导性文件，该流程图包括图形、标注、图例、标题栏四部分。PID 图是以车间（装置）或工段为主项进行绘制，原则上一个车间或工段绘制一张图。如流程复杂可分为数张。但任一张图，使用同一图号。

PID 图可以不按精确比例绘制，一般设备（机器）图例只取相对比例。允许实际尺寸过大的设备（机器）按比例适当缩小，实际尺寸过小的设备（机器）按比例可适当放大，可以相对示意出各设备位置高低，整个图面要协调、美观。

4.3.2　设备布置图

设备布置图是设备布置设计中的主要图样，在初步设计阶段和施工图设计阶段中都要进行绘制。不同设计阶段的设备布置图，其设计深度和表达内容各不相同，一般来说，它是在厂房建筑图上以建筑物的定位轴或墙面、柱面等为基准，按设备的安装位置，绘制设备的图形或标记，并标注其定位尺寸，需要注意的是在设备布置图设备的图形和标记可能和在工艺流程图中的设备的图形和标记基本相仿，但在工艺流程图中只是示意，无须注意具体的大小，而在设备布置图中，必须注意和建筑绘制保持一致比例的精确的安装尺寸及设备的主要外轮廓尺寸。设计布置图是按正投影原理绘制的，图样一般包括以下内容。

① 一组视图：表示厂房建筑的基本结构和设备在厂房内外的布置情况。

② 尺寸和标注：在图形中注写与设备布置有关的尺寸及建筑物轴线的编号、设备的位号、名称等。

③ 安装方位标：指示安装方位基准和图标。

④ 说明与附注：对设备安装布置有特殊要求的说明。

⑤ 设备一览表：列表填写设备位号、名称等。

⑥ 标题栏：注写图名、图号、比例、设计阶段等。

4.3.3　管道布置图

管道布置图设计是根据管道仪表流程图（PID，带控制点的工艺流程图）、设备布置图及有关的土建、仪表、电气、机泵等方面的图纸和资料为依据，对管道进行合理的布置设计，绘制出管道布置图。管道布置图的设计首先应满足工艺要求，便于安装、操作及维修，而且要合理、整齐、美观。管道布置图在化工设备进行最后安装阶段具有重要的意义。好的管道布置图不仅能使安装者容易读懂图纸所有表达的含义，加快施工进程，同时也杜绝诸如将测量孔安放在光线不好的场合，或者将阀门的安装的方位朝向墙面，使之很难操作。因此，在各种化工工程具体施工前，必须绘制好详细的管道布置图。

管道布置图的绘制工作非常繁重，同时对时间的要求也较紧，另外，在具体施工工程中会碰到各种与原设计现场不同或原设计中错误的情况，需要及时更新管道布置图。这时，如果采用计算机绘图，就可以充分发挥计算机绘图快速，易修改的特点，及时提供更新后的管道布置图。

管道布置图的主要内容有一组视图、尺寸和标注、分区简图、方位标、标题栏等。管道布置图的绘制基本步骤是确定表达方案、视图的数量和各视图的比例，确定图纸幅面的安排和图纸张数，绘制视图，标注尺寸、标号及代号等，绘制方位标、附表及注写出说明，校核与审定。

4.3.4 化工设备图

化工设备泛指化工企业中使物料进行各种反应和各种单元操作的设备和机器，化工设备的施工图样一般包括装配图、设备装配图、部件装配图、零件图，该图样的基本内容有一组视图、各种尺寸、管口表、技术特性及要求、标题栏及明细表等，化工设备图的特点及绘制技巧如下。

① 壳体以回转形为主。如各种容器、换热器、精馏塔等，可采用镜像技术，只绘制其中一半即可。

② 尺寸相差悬殊。如精馏塔的高度和壁厚，大型容器的直径和壁厚等，在绘制中，大的尺寸可按比例绘图，而小的尺寸若按比例绘制，将无法绘制或区分，这时可采用夸大的方法绘制壁厚等小的尺寸。

③ 有较多的开孔和接管。每一个化工设备最少需要两个接管，而一般情况下均多余两个接管，大量的接管一班安装在封头上或筒体上，绘制时主要注意接管的安装位置。接管上的法兰可采用简化画法，接管的管壁等小尺寸不见可采用夸张画法或采用局部放大。

④ 大量采用焊接结构。如接管和筒体，有些封头和筒体，需要注意绘出各种焊接情况，必要时需局部放大。

⑤ 广泛采用标准化、通用化及系列化的零部件。对于标准化的零部件。可采用通用的简化画法，一般画出主要外轮廓即可，详细说明在明细表中标明即可。

4.4 利用 Auto CAD 2008 绘制化工工艺流程图

4.4.1 简 介

工艺流程图，是表达从原料到产品所经历的单元操作和操作顺序的图样，一般来说，根据设计阶段的不同，主要分为方案流程图、工艺流程图和带控制点的工艺流程图。每一种图样一般包含以下几部分：图框和标题栏，设备，流程，文字和表格。通常，绘制化工工艺流程图一般采用 A2 图纸，没有统一的标准，能够表达清楚物料的走向，图意明白即可。

4.4.2 绘制工艺流程图之前的准备工作

本案例中要绘制的是图 4-64 所示的"某物料残液回收的工艺物料流程图"，在实际绘图之前是没有该流程图的，但应该完成方案流程图的设计，流程的模拟和计算，设备的初步选型及工艺计算。

利用 AutoCAD 2008 绘制上面的工艺物料流程图前的一些准备工作和手工绘制前的准备工作是一样，准备工作做得越细致，在以后的绘制工作中就越顺利，绘制速度也就越快，一般来说在进入 AutoCAD 2008 计算机绘制工艺物料流程图之前，应先完成以下几项工作：

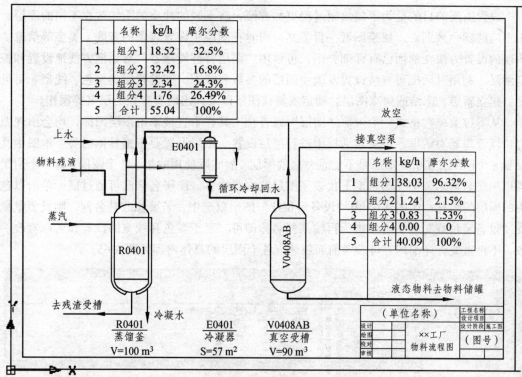

图 4-64　某物料残液的物料流程图

（1）完成工艺计算和流程模拟计算，确定设备类型。

（2）确定各流程线的主辅，根据功能位序排出设备编号及各管路编号。

（3）根据前面获得的基本信息，绘制草图，确定各设备的位置，主辅流程线的宽度，并对图幅的布置进行初步的设置。

完成了上面的几项基本工作之后，就可以启动 AutoCAD 2008，进入下一步工作。

4.4.3　绘图的工艺过程

（1）设置图层。

根据国家标准（GB/T 14665—93）规定，在绘制图样时，各种图层与图层名，屏幕显示颜色的对应关系见表 4-1 所示。

表 4-1　图层设置

图线名称	图层名	屏幕上的颜色
粗实线	01	橘黄色
辅助物料线	02	紫色
设备定位线线	03	青色
设备线	04	黄色
文本	05	黑色
细实线	06	黑色
主物料线	07	红色

设置图层的目的是为了使绘制过程更加方便，将不同的性质的图线放在不同的图层，用不同的颜色区别之，使绘图者一目了然。同时在图层中设置线条的宽度、类型等信息。图层的设置方法在前面已有详细介绍，可以用"图层特性管理器"对话框方便地设置和控制图层。利用对话框可直接设置及改变图层的参数和状态，即设置层的颜色、线型、可见性、建立新层、冻结或解冻图层、锁定或解锁图层以及列出所有存在的层名等操作。

从下拉菜单"格式"中选取"图层"或者在工具栏中直接单击图层图标，均会出现图层特性管理器对话框，可从对话框中进行图层设置。图层设置要根据具体需要，本图中共设置 8 个图层，其中 0 图层是不能重命名的图层，故实际使用的是 1-7 个图层，每一个图层均以中文名表示，中文名基本上代表了图层的主要内容。图层名修改可通过鼠标单击以选中的图层的名称，如图 4-65 中"设备定位线"图层以选中，若要修改其名称，则只要鼠标在"设备定位线"五字上单击，再输入新名称即可。至于颜色和线宽的设置和名称修改一致，不再重复，详细内容可参考前面叙述。各个图层的具体内容见图 4-65。

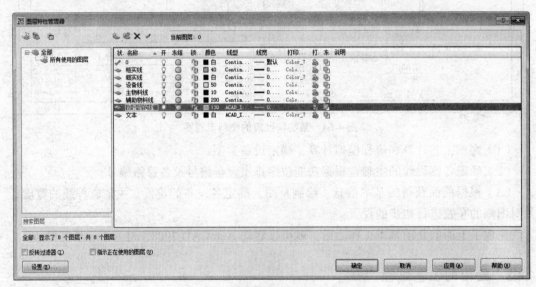

图 4-65　图层特性管理中的图层设置

需要说明的是，虽然定义各个图层的线宽，但在绘制过程中，一般不选用状态栏中的线宽状态，故屏幕上是不会有所显示的，只有不同线型在绘制过程中会有所显示。除非需要将该图复制到 Word 文档时，会选择线宽状态，但只有线宽在 0.3 mm 以上的才会有所显示，小于 0.3 mm 的线条，在屏幕上显示的宽度是不一样的，并且采用线宽状态时，两条距离较近的线有时会重叠在一起，这一点需要引起读者注意。定义的线宽在用绘图仪输出时是可以体现出来的。

（2）设置比例及图纸大小。

无特殊要求则采用 A3 图纸标准（297 mm×420 mm），以便打印。

（3）绘制图框。

根据前面的选定，图框由两个矩形组成，一个为外框，用细实线绘制，大小为297 mm×420 mm，线宽为 0.15 mm；另一个为内框，大小为 287 mm×410 mm，用粗实线绘制，线宽为 0.3 mm。

①绘制外框。

点击图层特性框的下拉符号，选择细实线图层，在细实线上点击，见图 4-66，系统就进入细实线图层，然后点击绘图工具栏中的矩形绘图工具，绘制一个长为 420 mm，宽为 297 mm 的矩形，见图 4-67。

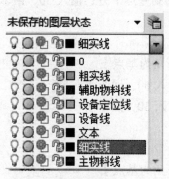

图 4-66　调出图层

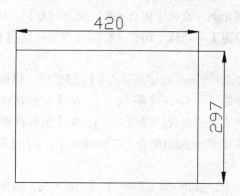

图 4-67　绘制外图框

命令：_rectang;

指定第一个角点或[倒角（C）/标高（E）/圆角（F）/厚度（T）/宽度（W）]：0，0【输入左下角顶点坐标 0，0】；

指定另一个角点或[面积（A）/尺寸（D）/旋转（R）]：@420，297 【输入右上角顶点相对坐标@420，297】。

②绘制内图框。

将图层调到粗实线图层，见图 4-68，绘制内图框见图 4-69。

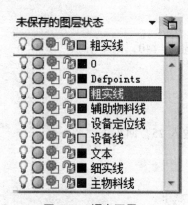

图 4-68　调出图层

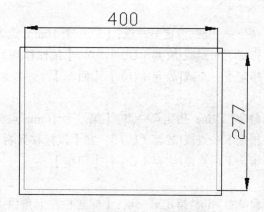

图 4-69　绘制内框示意图

命令：_offset;

当前设置：删除源=否　图层=源　OFFSETGAPTYPE=0;

指定偏移距离或[通过（T）/删除（E）/图层（L）]<通过>：10【输入偏移距离 10】；

指定要偏移的那一侧上的点，或[退出（E）/多个（M）/放弃（U）]<退出>：【鼠标左键单击外边框内一点】；

选择要偏移的对象，或[退出（E）/放弃（U）]<退出>:【回车】。

（4）标题栏（根据要求绘制，这里举例为最简化标题栏）。

命令：_line 指定第一点：【（调到粗实线图层）以内框右下角为基点】；

指定下一点或［放弃（U）]：30【鼠标移到基点上方，输入 30，回车】；

指定下一点或［放弃（U）]：140【鼠标移到基点左方，输入 140，回车】；

指定下一点或［闭合（C）/放弃（U）]：30【鼠标移到基点下方，输入 30，回车】；

指定下一点或［闭合（C）/放弃（U）]：【回车】。

命令：_line 指定第一点：【（细实线）以标题框左下角为基点】；

指定下一点或[放弃（U）]：60【鼠标移到右方，输入 60，回车】；

指定下一点或[放弃（U）]：30【鼠标移到上方，输入 30，回车】；

指定下一点或[闭合（C）/放弃（U）]：【回车】。

命令：_line 指定第一点：【（细实线）以标题框右下角为基点】；

指定下一点或[放弃（U）]：25【鼠标移到左方，输入 25，回车】；

指定下一点或[放弃（U）]：30【鼠标移到上方，输入 30，回车】；

指定下一点或[闭合（C）/放弃（U）]：【回车】。

命令：_line 指定第一点：【（细实线图层）以内框右下角为基点】；

指定下一点或[放弃（U）]：10【鼠标移到上方，输入 10，回车】；

指定下一点或[放弃（U）]：10【鼠标移到上方，输入 10，回车】；

指定下一点或[闭合（C）/放弃（U）]：【回车】。

命令：_line 指定第一点：【第一个 10mm 点为基点】；

指定下一点或[放弃（U）]：140【鼠标移到上方，输入 140，回车】；

指定下一点或[放弃（U）]：【回车】。

命令：_line 指定第一点：【第二个 10mm 点为基点】；

指定下一点或[放弃（U）]：25【鼠标移到右方，输入 25，回车】；

指定下一点或[放弃（U）]：【回车】。

命令：_line 指定第一点：【标题栏左上角顶点为基点】；

指定下一点或[放弃（U）]：10【鼠标移到下方，输入 10，回车】；

指定下一点或[放弃（U）]：60【鼠标移到右方，输入 60，回车】；

指定下一点或[闭合（C）/放弃（U）]：【回车】。

命令：_line 指定第一点：【标题栏左下角顶点为基点】；

指定下一点或[放弃（U）]：12【鼠标移到右方，输入 12，回车】；

指定下一点或[放弃（U）]：20【鼠标移到上方，输入 20，回车】；
指定下一点或[闭合（C）/放弃（U）]：【回车】。

命令：_line 指定第一点：【标题栏左下角顶点为基点】；
指定下一点或[放弃（U）]：42【鼠标移到右方，输入 42，回车】；
指定下一点或[放弃（U）]：20【鼠标移到上方，输入 20，回车】；
指定下一点或[闭合（C）/放弃（U）]：【回车】。

删除多余线段【标题栏绘制完成，见图 4-70】。

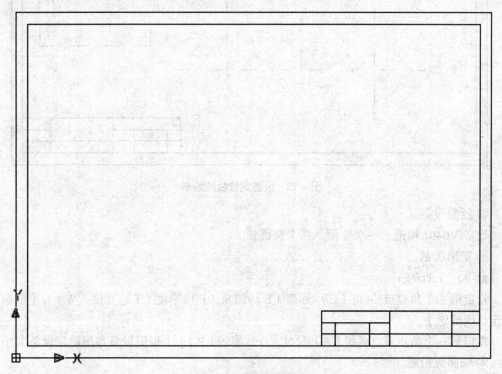

图 4-70　标题栏的绘制

（5）画设备。

①绘制定位线。

调出设备线图层，绘制相关的设备定位线及设备，见图 4-71。

图 4-71　调出设备图层

【设备定位线绘制完备，见图 4-72】

111

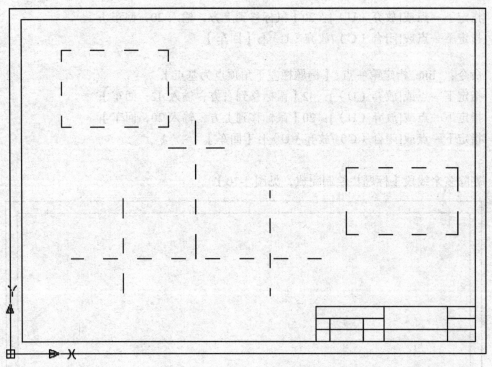

图 4-72　设备定位线的绘制

② 绘制设备。

设备 V0401 构造：一个矩形、两个椭圆弧。

③ 矩形绘制。

命令：_rectang;

指定第一个角点或[倒角（C）/标高（E）/圆角（F）/厚度（T）/宽度（W）]：【根据设备定位线确定】;

指定另一个角点或 [面积（A）/尺寸（D）/旋转（R）]：【根据设备布图确定设备大小】;

④ 椭圆弧绘制。

在绘图工具中找到椭圆弧，见图 4-73。

图 4-73　椭圆弧工具查找

4-74　椭圆弧镜像绘制

命令：_ellipse;

指定椭圆的轴端点或[圆弧（A）/中心点（C）]：_a；

指定椭圆弧的轴端点或[中心点（C）]：【左上角顶点】；

指定轴的另一个端点：【右上角顶点】；

指定另一条半轴长度或[旋转（R）]：【根据布图美观度确定】；

指定起始角度或[参数（P）]：【右上角顶点】；

指定终止角度或[参数（P）/包含角度（I）]：【左上角顶点】。

设备上方椭圆弧绘制完成，其下方椭圆弧可通过镜像绘制，见图4-74。

命令：_mirror 找到1个【左键点击上方椭圆弧】；

指定镜像线的第一点：【矩形左边宽的中点处】；

指定镜像线的第二点：【矩形右边宽的中点处】；

要删除源对象吗？[是（Y）/否（N）]<N>：【回车】。

⑤外面保温夹套绘制。

先将矩形通过分解打断成四条线段，选中左边一条线段进行偏移。在下拉菜单中找到分解工具，见图4-75。单击设备外侧即可完成偏移，见图4-76。

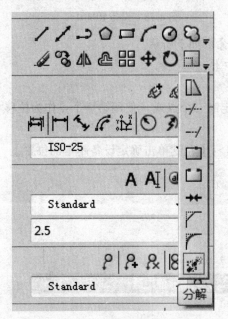

图4-75　分解工具查找

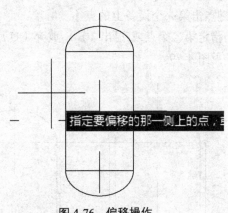

图4-76　偏移操作

命令：_offset；

当前设置：删除源=否　图层=源　OFFSETGAPTYPE=0；

指定偏移距离或[通过（T）/删除（E）/图层（L）]<5.0000>：2；

指定要偏移的那一侧上的点，或[退出（E）/多个（M）/放弃（U）]<退出>：【左键单击设备外侧】；

选择要偏移的对象，或[退出（E）/放弃（U）]<退出>：【回车】。

另一侧及下方椭圆同理可绘得。下方椭圆夹套须通过打断工具完成。打断工具见图4-77。绘制后设备如图4-78。

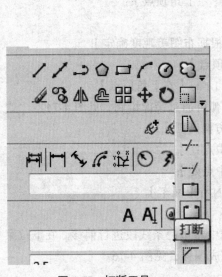

图 4-77　打断工具

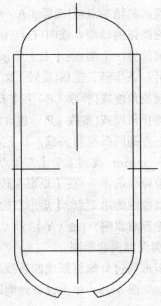

图 4-78　设备 R0401

另一个设备 V0408AB 可利用复制工具绘得，命令如下所示。

命令：_copy 找到 3 个【左键单击将设备选中】；

当前设置：复制模式=多个；

指定基点或[位移（D）/模式（O）]<位移>：指定第二个点或 <使用第一个点作为位移>：【左键点击第一个设备上的点】；

指定第二个点或[退出（E）/放弃（U）]<退出>：【左键单击确定设备副本的位置】。

见图 4-79。

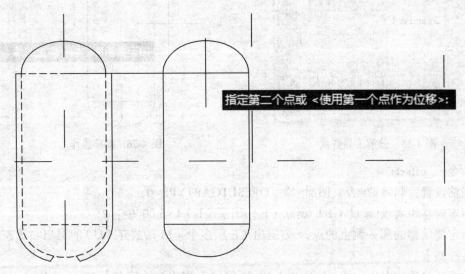

图 4-79　设备 V0408AB 绘制

设备 E0401 的绘制可参考上面方法，就不再赘述。绘制完成后见图 4-80。

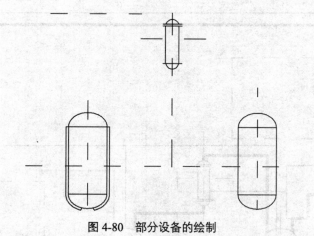

图 4-80　部分设备的绘制

（6）画管道线及流向。

① 管道线。

根据布图利用线段绘图工具将设备有序地连接起来，应注意的是物料线不能有交叉，当遵守"主不断，辅断；先不段后断"原则。

调出主物料线图层，先画出主物料线如图 4-81 所示。

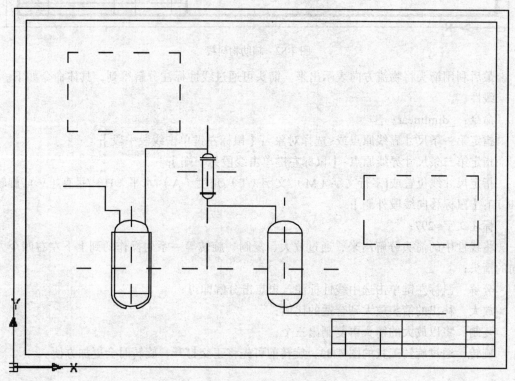

图 4-81　主物料线绘制

② 辅助物料线。

调出辅助物料线图层。点击线宽，即得图 4-82。

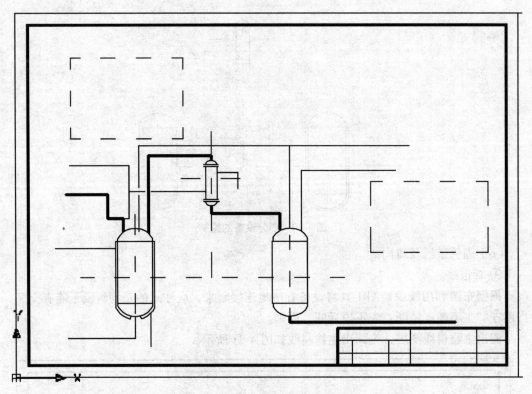

图 4-82　辅助物料线

最后利用箭头将物流方向表示出来。箭头可通过线性标注分解得到，具体命令如下。

线性；

命令：_dimlinear；

指定第一条尺寸界线原点或<选择对象>：【鼠标左键单击线段一段】；

指定第二条尺寸界线原点：【鼠标左键单击线段另一端】；

指定尺寸线位置或[多行文字（M）/文字（T）/角度（A）/水平（H）/垂直（V）/旋转（R）]：【鼠标移向线段外侧】；

标注文字=297；

将线性中的箭头分解出来，通过放大、复制、旋转等一系列操作的到上下左右四个方向的箭头；

分解　鼠标左键单击选中线性标注，再点击分解即可；

放大　移出的箭头放大到合适的比例；

复制　将以放大的箭头再复制出三个；

旋转　通过旋转工具的图 4-83，旋转前可先将正交打开，旋转时会更加方便。

命令：_rotate；

UCS 当前的正角方向：ANGDIR=逆时针　ANGBASE=0；

找到 1 个；

指定基点：【最好为箭头顶点处】；

指定旋转角度，或[复制（C）/参照（R）] <90>：【移动鼠标至想旋转到的位置，然后点击鼠标左键】。

图 4-83　箭头

通过复制将箭头放在管道线上即得图 4-84。

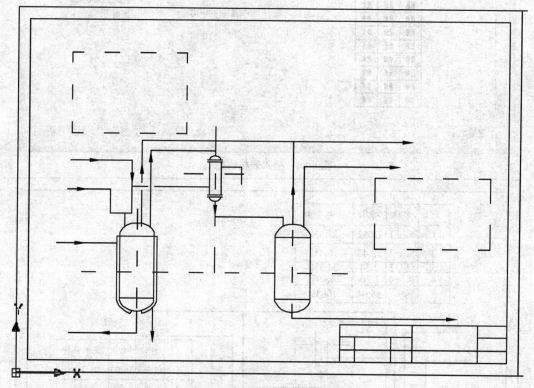

图 4-83　流程线及流向的绘制

（7）表格设置。

命令：tb【回车】。

出现如图 4-84 所示窗口，设置相应参数。完成后点击确定，在表格中添上相应内容。见图 4-85。

（8）文字输入页面。

命令：_mtext　当前文字样式："Standard"　文字高度：2.5　注释性：否；

指定第一角点；

指定对角点或[高度（H）/对正（J）/行距（L）/旋转（R）/样式（S）/宽度（W）/栏（C）]：

需注意的是内容输入时注意修改字体，字号等【完成图见图4-86】。

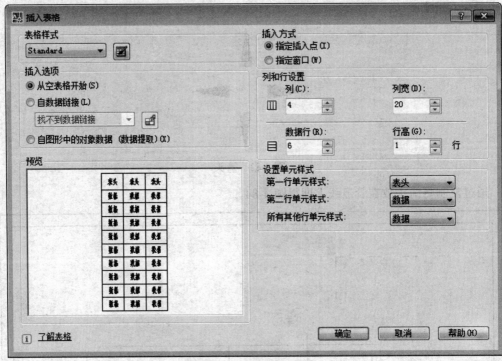

图4-84　插入表格的行列

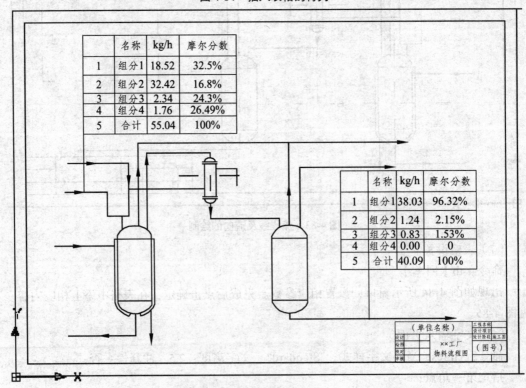

图4-85　表格绘制完成图

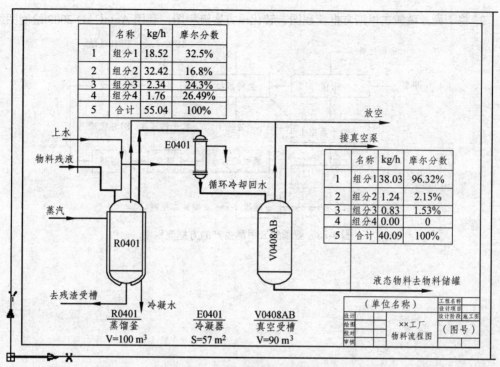

	名称	kg/h	摩尔分数
1	组分1	18.52	32.5%
2	组分2	32.42	16.8%
3	组分3	2.34	24.3%
4	组分4	1.76	26.49%
5	合计	55.04	100%

	名称	kg/h	摩尔分数
1	组分1	38.03	96.32%
2	组分2	1.24	2.15%
3	组分3	0.83	1.53%
4	组分4	0.00	0
5	合计	40.09	100%

图 4-86 某物料残液的物料流程图

通过以上几个步骤，就可以完成标题栏的填写。通过修改完善工作后，全局的效果图就可以出来了。关于物料流程图内的相关数据的来源，笔者并未列出，对有关化工设计的内容感兴趣的读者可以参考教材后面的有关参考文献。

习 题

1. 请利用 AutoCAD 2008 绘制图 4-87 所示的化工工艺流程图，同时完善图纸结构。

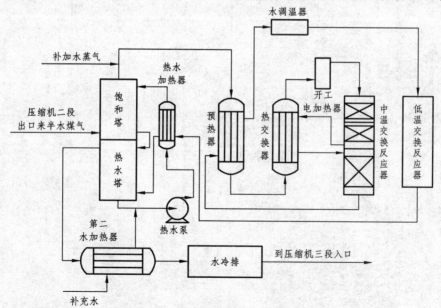

图 4-87 某产品的工艺流程图

2. 将下面亚磷酸二甲酯方框流程图，转化成方案流程图，利用 AutoCAD 2008 绘制图纸。

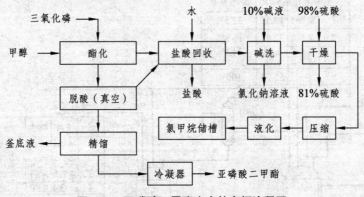

图 4-88　亚磷酸二甲酯生产的方框流程图

5 Aspen Plus 在化学化工中的应用

5.1 概 述

Aspen Plus 是一款功能强大的化工设计、动态模拟及各类计算机的软件，它几乎能满足大多数化工设计及计算的要求。该软件经过近 30 年的不断改进、扩充、提高，已成为全世界公认的标准大型过程模拟软件。它采用严格和先进的计算方法，进行单元和全过程的计算，还可以评估已有装置的优化操作或新建、改建装置的优化设计。许多世界各地的大化工、石油生产厂家及著名工程公司都是该软件的用户。它被用于化学和石油工业、炼油工业、发电、金属加工、合成燃料和采矿、纸浆和造纸、食品、医疗及生物技术等领域，在过程开发、工程设计及老厂家的改造中发挥着重要的作用。Aspen Plus 主要有三大功能，简单介绍如下。

（1）物性数据库。

物性计算方法的选择是 Aspen Plus 计算成功的关键一步，而物性计算方法的基础是物性数据库，Aspen Plus 的物性数据库包括基础物性数据库、燃烧物数据库、热力学性质和传递物性数据库。

① 基础物性数据库。

Aspen Plus 中含有一个大型物性数据库，含 5 000 种纯组分、5 000 对二元混合物、3 314 种种固体化合物、40 000 个二元交互作用参数的数据库（读者接触到的最新版本数据库数据数量可能和本文所述的有所不同，这是由于数据库的具体数据数量会随着版本的更新而有所增加，但已有的数据一般不会改变，下面所述的其他数据库也有类似情况，不再提示）。主要有分子量、Pitzer 偏心因子、临界性质、标准生成自由能、标准生成热、正常沸点下汽化潜热、回转半径、凝固点、偶极矩、密度等。同时还有理想气体热容方程式的参数、Antione 方程的参数、液体焓方程系数。对 UNIQUAC 和 UNIFAC 方程的参数也收集在数据库中，在计算过程中，只要所计算的组分在物性数据库中存在，则可自动从数据库中提取基础物性进行传递物性和热力学性质的计算。

② 燃烧物数据库。

燃烧物数据库是计算高温气体性质的专用数据库。该数据库含有常见燃烧物的 59 种组分的参数，其温度可高达 6 000 K，而用 Aspen Plus 主数据库，当温度超过 1 500 K 以上时，计算结果就不精确了。但是燃烧物数据库只适用于部分单元操作模型对理想气体的计算。

③ 热力学性质和传递物性数据库。

在模拟中用来计算传递物性和热力学性质的模型和各种方法的组合共有上百种，主要有计算理想混合物气液平衡的拉乌尔定律、烃类混合物的 Chao-Seader、非极性和弱极性混合物的 Redilch-Kwong-Soave、BWR-Lee-Starling、Peng-Robinson。对于强的非理想液态混合物的活度系数模型主要有 UNIFAC、Wilson、NRLTL、UNIQUAC，另外还有计算纯水和水蒸气的模型 ASME 及用于脱硫过程中含有水、二氧化碳、硫化氢、乙醇胺等组分的 Kent-Eisenberg 模型等。有两个物性模型分别用于计算石油混合物的液体黏度和液体体积。对于传递物性主要是计算气体和液体的黏度、扩散系数、热导率及液体的表面张力。每一种传递物性计算至少有一种模型可供选择。

具体物性计算方法选择可参考表 5-1 到表 5-6。

表 5-1　油和气产品

应用领域	推荐的物性方法
储水系统	PR-BM　RKS-BM
板式分离	PR-BM　RKS-BM
通过关系案输送油和气	PR-BM　RKS-BM

表 5-2　炼油过程

应用领域	推荐的物性方法
低压应用（最多几个大气压）：真空蒸馏塔、常压原油塔	BK10，CHAO-SEA，GRAYSON
中亚应用（最多几十个大气压）：Coker 主分馏器、FCC 主分馏器	CHAO-SEA，GRAYSON，PENG-ROB，RK-SOAVE
富氢的应用：重整炉、加氢器	GRAYSON，PENG-ROB，RK-SOAVE
润滑油单元、脱沥青单元	PENG-ROB，RK-SOAVE

表 5-3　气体加工过程

应用领域	推荐的物性方法
烃分离：脱甲烷塔、C3 分离器深冷气体加工：空气分离	PR-BM，RKS-BM，PENG-ROB，RK-SOAVE
带有甲醇类的气体脱水；酸性气体吸收含有甲醇（RECTI-SOL）、NMP（PURISOL）	PRWS，RKSWS，PRMHV2，RKSMHV2，PSRK，SR-POLAR
酸性气体吸收含有水、氨、胺+甲醇（AMISOL）、苛性钠、石灰、热的碳酸盐	ELECNRTL
克劳斯二段脱硫法	PRWS，RKSWS，PRMHV2，RKSMHV2，PSRK，SR-POLAR

表 5-4　化工过程

应用领域	推荐的物性方法
乙烯装置：初级分馏器、轻烃、串级分离器、急冷塔	CHAO-SEA，GRAYSON，PENG-ROB，RK-SOAVE
芳香族环烃：BTX 萃取	WILSON，NRTL，UNIQUAC 和它们的变化形式
取代的烃：VCM 装置、丙烯腈装置	PENG-ROB，RK-SOAVE
乙醚产品：MTBE、ETBE、TAME	WILSON，NRTL，UNIQUAC 和它们的变化
乙苯和苯乙烯装置	PENG-ROB，RK-SOAVE，WILSON，NRTL，UNIQUAC 和它们的变化
对苯二甲酸	WILSON，NRTL，UNIQUAC 和它们的变化

表 5-5　化学品

应用领域	推荐的物性方法
共沸分离	WILSON，NRTL，UNIQUAC 和它们的变化
羧酸：乙酸装置	WILS-HOC，NRTL-HOC，UNIQ-HOC
苯酚装置	WILSON，NRTL，UNIQUAC 和它们的变化
液相反应：酯化作用	WILSON，NRTL，UNIQUAC 和它们的变化
氨装置	PENG-ROB，RK-SOAVE
含氟化合物	WILS-HF
无机化合物：苛性钠、酸、磷酸、硝酸、盐酸	ELECNRTL
氢氟酸	ENRTL-HF

常见的水和水蒸气用 STEAMNBS 或 STEAM-TA。一般来说，物性方法的选择取决于物质是否具有极性、是否电解质、是否高压、是否气相组合、是否聚合等方面加以考虑，选择最适合的物性方法进行模拟计算，更为详细的内容请读者参见 Aspen Plus 公司提供的操作手册。

（2）单元操作模型。

Aspen Plus 包含各种类型的过程单元操作模型，共有 8 大类、57 小类、349 个单元操作模型。如混合、分割、换热、闪蒸等，另外它还包括反应器、压力变送器、手动操作器、灵敏度分析和工况分析模块。具体内容参见表 5-6。

表 5-6　Aspen Plus 计算模块

类型	模型	说　明
混合器/分流器	Mixer	物流混合
	Fsplit	物流分流
	Ssplit	子物流分流
分离器	Flash2	双出口闪蒸
	Flash3	三出口闪蒸
	Decanter	液-液倾析器
	Sep	多出口组分分离器
	Sep2	双出口组分分离器
换热器	Heater	加热器/冷却器
	Heatx	双物流换热器
	Mheatx	多物流换热器
	Hetran	与 BJAC 管壳式换热器的接口程序
	Aerotran	与 BJAC 空气冷却式换热器的接口程序
塔	DSTWU	简洁蒸馏设计
	Distl	简洁蒸馏核算
	Radfrac	严格蒸馏
	Extract	严格液-液萃取器
	MultiFrac	复杂塔的严格蒸馏

类型	模型	说　明
塔	SCFrac	石油的简洁蒸馏
	PetroFrac	石油的严格蒸馏
	Rate-Frac	连续蒸馏
	BatchFrac	严格的间歇蒸馏
反应器	RStoic	化学计量反应器
	RYield	收率反应器
	REquil	平衡反应器
	RGibbs	平衡反应器
反应器	RCSTR	连续搅拌罐式反应器
	RPlug	活塞流反应器
	RBatch	间歇反应器
压力变送器	Pump	泵/液压透平
	Compr	压缩机/透平
	Mcompr	多级压缩机/透平
	Pipeline	多段管线压降
	Pipe	单段管线压降
	Valve	严格阀压降
手动操作器	Mult	物流倍增器
	Dupl.	物流复制器
	CLChong	物流类变送器
固体	Crystallizer	除去混合物产品的结晶器
	Crusher	固体粉碎器
	Screen	固体分离器
	FabFl	滤布过滤器
	Cyclone	旋风分离器
	Vscrub	文丘里洗涤器
	ESP	电解质沉降器
	HycCyc	水力旋风分离器
	CFuge	离心式过滤器
	Filter	旋转真空过滤器
	SWash	单级固体洗涤器固体
	CCD	逆流倾析器
用户模型	User	用户提供的单元操作模型
	User2	用户提供的单元操作模型

（3）系统实现策略。

和任何一款模拟软件一样，有了数据库和单元计算模块之后，Aspen Plus 还有以下功能保证软件的正常运行。

① 数据输入。

Aspen Plus 的输入是由命令方式进行的，即通过三级命令关键字书写的语段、语句及输入数据对各种流程数据进行输入。输入文件中还可包括注解和插入的 Fortran 语句，输入文件命令解释程序可转化成用于模拟计算的各种信息。这种输入方式使得用户使用起来特别方便。

② 解算策略。

Aspen Plus 所用的解算方法为序贯模块法，对流程的计算顺序可由用户自己定义，也可由程序自动产生。对于有循环回路或设计规定的流程必须迭代收敛。所谓设计规定是指用户希望规定某处的变量值达到一定的要求，例如要规定某产品的纯度或循环流股的杂质允许量等。对设计规定通过选择一个模块输入变量或工艺进料流股变量，加以调节以使设计规定达到要求值。关于循环物流的收敛方法有威格斯坦法、直接迭代法、布罗伊顿法、虚位法和牛顿法等，其中虚位法和牛顿法主要用于收敛设计规定。

③ 结果输出。

可把各种输入数据及模拟结果存放在报告文件中，可通过命令控制输出报告文件的形式及报告文件的内容，并可在某些情况下对输出结果作图。在物流结果中包括总流量、黏度、压力、汽化率、焓、熵、密度、平均相对分子质量及各组分的摩尔流量等。

关于 Aspen Plus 三大功能的具体应用将通过实际应用的例子加以详细介绍，本教材软件选用 Aspen Plus 11.1。提醒读者注意的是尽管 Aspen Plus 软件版本不断升级，但其基本操作模式没有改变。若读者接触到的版本与本教材不同，完全可以先按照本教材介绍的方法操作（系统提示有问题除外），同时随着 Aspen Plus 软件版本的不断升级，软件的操作模式越来越向 Windows 的风格靠拢。建议读者在具体使用过程中大胆地使用双击、点右键、拖动等操作。

Aspen Plus 软件在应用过程中会涉及大量变量，这些变量大部分以英文缩写的形式出现，尤其是涉及物性变量的名称有些平时可能没有接触过，表 5-7、表 5-8 是一些常用的变量名称中英文对照表。

表 5-7 纯物质物性参数

中文	缩写	中文	缩写
标准生成热	DHFORM	气体压力	PL
标准吉布斯自由能	DGFORM	汽化焓	DHVL
偏心因子	OMEGA	液体摩尔体积	VL
溶解度参数	DELTA	液相黏度	MUL
等张比容	PARC	气相黏度	MUV
25 ℃ 固体生成焓值	DHSFRM	液体热传导率	KL
25 ℃ 固体吉布斯生成自由能	DGSFRM	气体热传导率	KV
理想气体热容	CPIG	表面张力	SIGMA
Helgeson C 热容系数	CHGPAR	固体热容	CPS
液体热容	CPL		

表 5-8　混物物性参数

缩写	中文	缩写	中文
CPLMX	液体比热容	RHOSMX	固体密度
CPVMX	气体比热容	VLMX	液体摩尔体积
CPSMX	固体比热容	VVMX	气体摩尔体积
GLXS	过剩液相吉布斯自由能	VSMX	固体摩尔体积
HLMX	液相焓	DLMX	液体扩散系数
HLXS	过剩液相焓	DVMX	气体扩散系数
HVMX	气相焓	GAMMA	液体活度系数
HSMX	固相焓	GAMMAS	固体活度系数
KLMX	液相传热系数	HENRY	亨利系数
KVMX	气相传热系数	KLL	液液分布系数
KSMX	固相传热系数	KVL	气液平衡 K 值
MULMX	液体黏度	SIGLMX	液体表面张力
MUVMX	气体黏度	USER-X	用户定义物性对 X 的函数
RHOLMX	液体密度	USER-Y	用户定义物性对 Y 的函数
RHOVMX	气体密度		

5.2　图形界面与流程建立

5.2.1　图形界面

5.2.1.1　Aspen Plus 界面主窗口

Aspen Plus 具有友好的用户界面，以方便用户建立流程模拟，Aspen Plus7.1 的界面主窗口如图 5-1 所示。

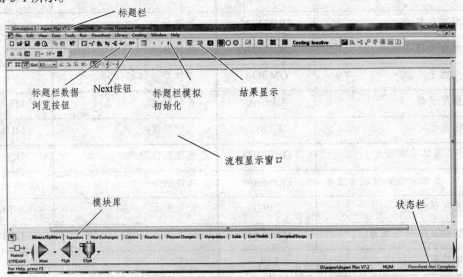

图 5-1　Aspen Plus 界面主窗口

5.2.1.2　主要图标功能介绍

Aspen Plus 界面主窗口中主要图标的介绍表 5-9。

表 5-9　Aspen Plus 中主要图标的功能介绍

图标	说明	功能
N→	下一步 Next	指导用户进行下一步的输入
66	数据浏览 Date Browser	浏览、编辑表和页面
▦	控制面板 Run Control Panel	显示运行过程，并进行控制
◄	重新初始化 Reinitialize	使用初值重新计算，不使用上次的计算结果
▶	开始运行 Start	输入结果后开始计算
☑	结果显示 Check results	显示模拟计算的结果

5.2.1.3　状态指令符号

在整个流程模拟过程中，左侧的数据浏览窗口会出现不同的状态指示符号，其指示意义列于表 5-10。

表 5-10　状态指示符号及其意义

符号	意义
▣	该表输入没有完成
✔	该表输入完成
○	该表没有输入，是可选项
☑	对于该表有计算结果
✗	对于该表有计算结果，但有计算错误
▥	对于该表有计算结果，但有计算警告
▲	对于该表有计算结果，但生成结果后输入发生改变

5.2.2　建立流程模拟

下面以苯和丙烯反应生成异丙苯为例，介绍流程模拟的建立步骤。

例 5.1

含苯（BENZENE，C_6H_6）和丙烯（PROPENE，C_3H_6）的原料物流 FEED 进入反应器 REACTER，经反应生成异丙苯（PRO-BEN，C_9H_{12}），反应后的混合物经冷凝器 COOLER

127

冷凝，再进入分离器 SEP，分离器 SEP 顶部物流 RECYCLE 循环回反应器 REACTOR，分离器 SEP 底部物流作为产品 PRODUCT 流出，流程图如图 5-2 所示，求产品 PRODUCT 中异丙苯的摩尔流率。

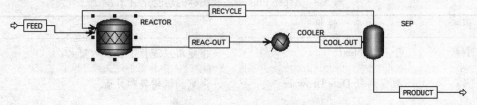

图 5-2　异丙苯生产模拟流程示意图

模拟条件：

原料物流 FEED 温度为 105 ℃，压力为 0.25 MPa，苯和丙烯的摩尔流率均为 18 kmol/h。反应器 REACTOR 绝热操作，压力为 0.1 MPa，反应方程式为：

$$C_6H_6 + C_3H_6 \longrightarrow C_9H_{12}$$

其中，丙烯的转化率为 90%。

冷凝器 COOLER 的出口温度为 54 ℃，压降为 0.7 kPa；分离器 SEP 绝热操作，压降为 0。

5.2.2.1　启动 Aspen Plus

依次点击开始/程序/所有程序/Aspen Tech Process ModelingV7.2/Aspen Plus/Aspen Plus User Interface，系统会提示用户进行选择建立空白模拟，使用系统模版（Template）或是打开已有文件（Open an Existing Simulation），如图 5-3 所示。

一般情况下，建议选择使用系统模版（Template），点击 OK，出现如图 5-4 所示对话框，模板设定了工程计算通常使用的缺省项。

图 5-3　"启动选项"对话框

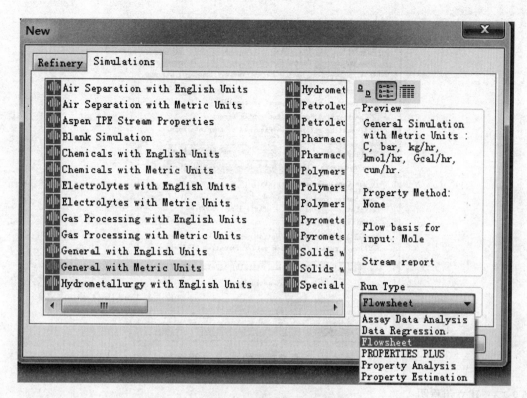

图 5-4 "模板选择"对话框

缺省项一般包括测量单位。所要报告的物流组成信息和性质、物流报告格式以及其他特定的应用缺省。对于每个模板，用户可以使用选择公式或英制单位，也可以自行设定常用的单位，本题中选择模板 General with Metric Units。

右下方的运行类型（Run Type）为用户提供了多种选择，本题选择 Flowsheet 选项，点击确定后即可进入 Aspen Plus 界面主窗口。

5.2.2.2 保存文件

建立流程之前，为防止文件丢失，一般先将文件保存。点击菜单栏 Tools/Options，在 General 页面下的 Save options 中设置文字的保存类型，系统设置了三种默认保存类型，如图 5-5 所示。

.apw 格式是一种文档文件，系统采用二进制存储，包含所有输入规定、模拟结果和中间收敛信息；.bkp 格式是 Aspen Plus 运行过程的备份文件，采用 ASC 存储，包含模拟的所有输入规定和结果信息，但不包含中间的收敛信息；*.apwz 是综合文件，采用二进制存储，包含模拟过程中的所有信息。Aspen Plus 中设置了多种文件类型，具体请参考网上的补充资料（Aspen Plus 中文件格式的比较），本题选择保存为*.bkp 文件，点击确认。

点击 File/Save as，选择存储位置，给文件命名，点击确定即可，如本题文件保存为 Example 2. Flowsheet.bkp。

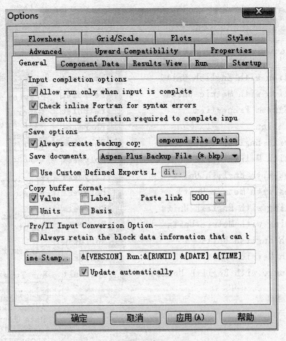

图 5-5 工具选项下的 General 页面

5.2.2.3 建立流程图

在完成前述的准备工作后，用户即可开始建立流程图。点击菜单 Tools/Options，在 Flowsheet 页面下的 Stream and labels 中，将复选框的第一项和第三项去掉，如图 5-6 所示，即对于物流和模板，用户自定义标志名称，不采用系统生成的默认标识，点击确定。

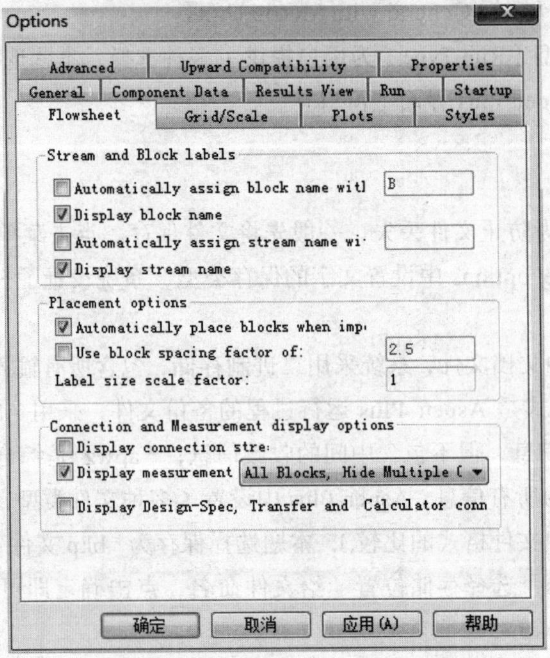

图 5-6 工具选项下的 Flowsheet 页面

（1）放置模板。

首先从界面主窗口下侧的模版库 Model Library 中点击 Reactors/RStoic 右侧的下拉箭头，选择 ICON1 模板（各种反应器模板将在后面讲述），然后移动鼠标至窗口空白处，待鼠标显示为十字形单击，出现 Input 对话框。在 Input 对话框中输入模板名称 REACTOR，如图 5-7 所示。如果模板库没有出现在界面主窗口上，可以使用快捷键 F10，或由菜单栏选择 View/Model Library，调出模板库。点击 OK，回到主窗口，如图 5-8 所示。

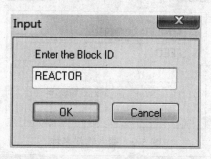

图 5-7　输入模块名称

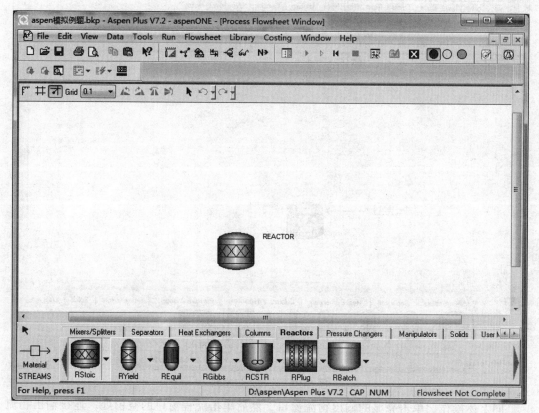

图 5-8　流程窗口模块选择示意图

（2）添加物流和链接模块。

选择完模块后，需要给模块添加对应的输入/输出物流，点击模板库左侧 Material STREAMS 的下拉箭头，选择物流 Material，模块上会出现亮显得端口，红色表示必选物流，用户必须添加，蓝色为可选物流，用户在必须时可以自行添加。

单击亮显的输入端口连接物流，如若端口不在想要的位置，在端口处单击并按住鼠标左键，拖动鼠标重新设定端口位置；单击物流窗口空白处放置物流，出现 Input 对话框，输入物流名称 FEED，如图 5-9 所示。

点击 OK，即可成功连接物流，如图 5-10 所示。

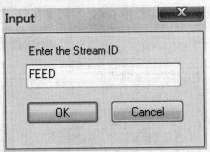

图 5-9　输入物料名称

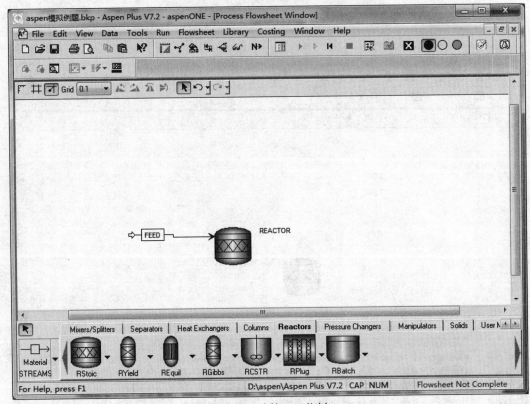

图 5-10　连接入口物料

同上述操作，单击亮显的输出物流窗口，然后单击流程窗口的空白处，连接输出物流 REAC-OUT，如图 5-11 所示，连接完毕后，单击鼠标右键，可退出物流连接模式。

若需要对单元模块或物流进行更改名称、删除、更换图标、输入数据、输出结果等操作时，可以在模块或物流上单击左键，选中对象，然后单击右键，在弹出菜单中选择相应的菜单项目。

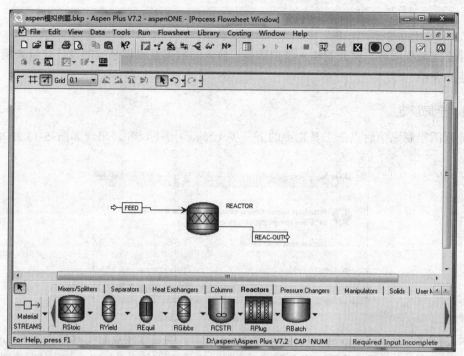

图 5-11　连接出口物流

添加冷凝器，选择模块库中 Heat Exchangers/Heater/HEATER 模块，同时连接物流，注意塔顶的物流作为循环物流，既反应器的另一股进料，如图 5-12 所示。

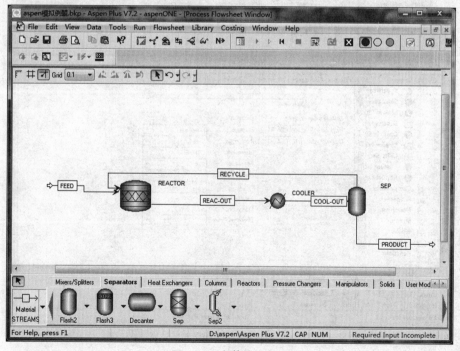

图 5-12　完整的流程图

至此，流程图建立完毕。

5.2.3　输入数据

建立完流程图后，就开始输入模拟数据。输入的数据是根据系统的设计变量来确定的，下面逐步介绍。

5.2.3.1　全局设定

流程图绘制完毕后点击工具栏中的下一步（Next）图标 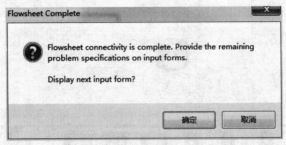，出现如图 5-13 所示的对话框。

图 5-13　"信息提示"对话框

点击确定，进入 Setup/Specifications/Global 页面，或是直接点击工具栏中的 Setup 图标，直接进入全局设定页面，用户可以在全局设定页面中的名称（Title）框中为模拟命名，本题输入 flowsheet，用户还可以在此页面重设运行类型、选择输入/输出数据的单位制等，本题采用默认设置，不做修改，如图 5-14 所示。

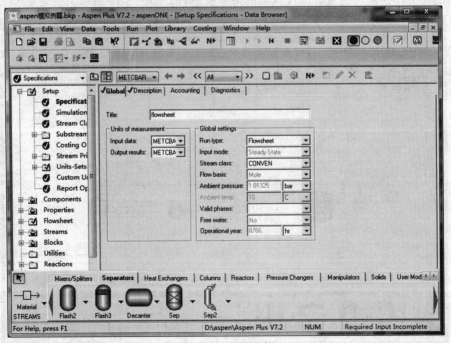

图 5-14　全局设定

输入过程中，将鼠标放置到输入框，页面下方会有相应的说明和提示，用户也可以通过 F1 打开帮助文件需求帮助。

5.2.3.2 输入组分

完成全局设定后，点击工具栏中的 **N→**，进入 Components/Specifications/Selection 页面，输入组分。用户也可以直接点击工具栏中的 Components 图标 ，进入组分输入页面。数据浏览窗口中各项与输入界面一一对应。

在 Component ID 一栏输入丙烯的名称 PROPENE，点击回车键；由于这是系统可识别的组分 ID，所以系统会自动将类型（Type）、组分名称（Component name）和分子式（Formula）栏输入；同样输入苯的名称 BENZENE，点击回车键，会自动录入。注意，在 Component ID 一栏中设置物质的标识时，最多可以输入 8 个字符。

在第三行 Component ID 中输入 PRO-BEN 作为异丙苯的标识，点击回车后，系统并不能识别，这时需要用到查找（Find）功能。首先选中第三行，然后点击左下角的 Find，在 Find 页面上输入异丙苯的分子式 C9H12，点击 Find now，系统会从数据库中搜索出符合条件的物质。输入分子式时，若该物质含有同分异构体，如本题中的异丙苯，则可以输入 C9H12-。

从列表中选择所需的物质，点击下方的 Add selected compounds，如图 5-15 所示。

点击 close，回到 Components/Specifications/Selection 页面，如图 5-16 所示。

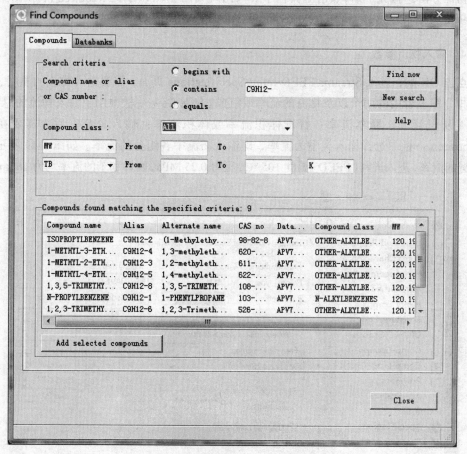

图 5-15　由数据库中调用的组分

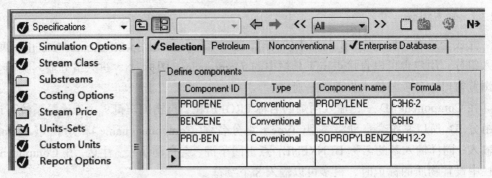

图 5-16　输入组分

5.2.3.3　选择物性方法

组分定义完成后，点击工具栏中的 N→，进入 Properties/Specifications/Global 页面，进行物性方法的选择。同样，由数据浏览窗口或点击工具栏中的 Physical Properties 图标 🔊 均可直接进入物性方法选择页面。物性方法选择的原则将在前面做详细介绍，本题选择 RK-SOAVE 方法，如图 5-17 所示，Process type 选择 ALL，Base method 选择 RK-SOAVE。

物性方法选择完成后，点击工具栏中 N→，出现如图 5-18 所示的 Required Properties Input Complete 对话框，选择 Go to Next required input step，点击 OK。

5.2.3.4　输入物流参数

点击 OK 后，进入 Streams/FEED/Input/Specifications 页面，需要输入物流的温度、压力或气相分率三者中的两个以及物流的流率或组成。左侧 flow 一栏中用于输入物流的总流率，可以是质量流率、摩尔流率、标准体积流率或体积流率；输入总流率后，需要在右侧 Compositon 一栏中选择输入类型为流率，即输入物流中各组分的流率。如图 5-19 所示输入各组分的流率，进入进料（FEED）温度 105 ℃，压力 0.25 MPa，丙烯和苯的流率均为 18 kmol/h。

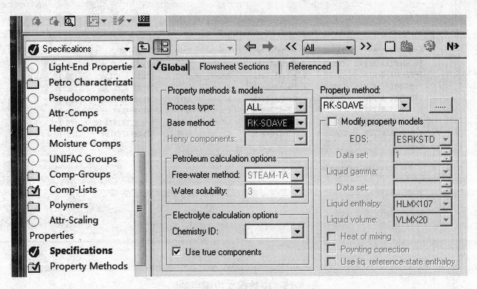

图 5-17　选择物性的方法

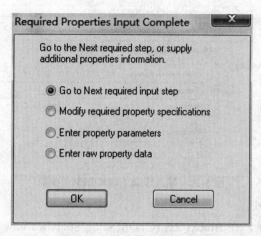

图 5-18　"信息提示"对话框

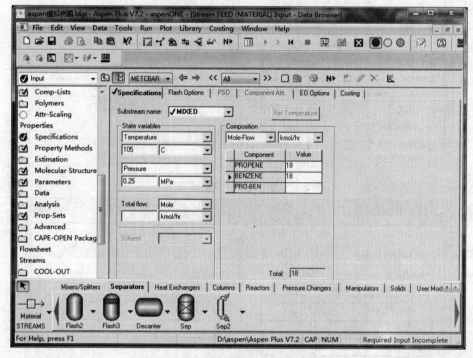

图 5-19　输入进料（FEED）条件

5.2.3.5　输入模块参数

进料物流的参数输入完成后，需要输入模块的参数。模块不同，输入的参数不同，后续章节将会详细介绍如何输入各种模块参数的参数，本题只简要介绍输入步骤。

（1）COOLER 模块。

点击工具栏中的 **N▸**，在 Blocks/COOLER/Inpput/Specifications 页面输入冷凝器（COOLER）的参数，包括冷凝器的出口温度和压降。若输入的压力 > 0，则表示该设备的操作压力；若输入的压力 ≤ 0，则表示设备的压降。如图 5-20 所示，输入冷凝器的操作参数，温度为 54 ℃，压力为-0.7 kPa，即表示压降为 0.7 kPa。

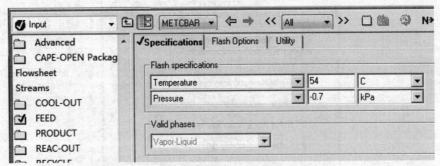

图 5-20 输入模块（COOLER）参数

（2）REACTOR 模块。

点击工具栏中的 **N→**，在 Blocks/REACTOR/Setup/Specifications 页面输入反应器的操作条件，绝热即热负荷为 0，压力为 0.1 MPa，如图 5-21 所示。

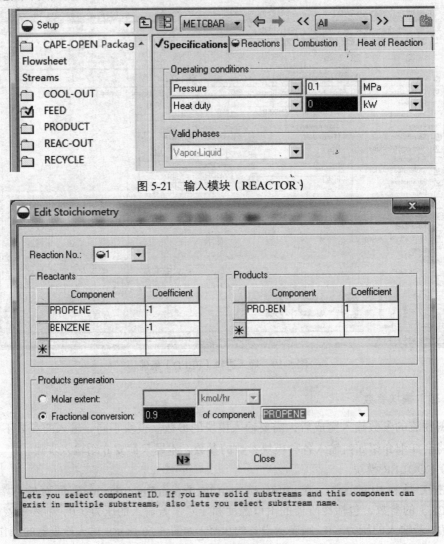

图 5-21 输入模块（REACTOR）

图 5-22 定义化学反应

点击 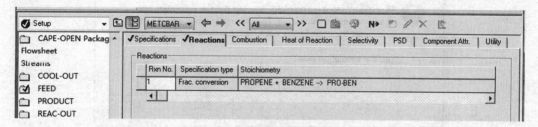 ，进入 Blocks/REACTOR/Setup/Reactions 页面，定义化学反应，输入反应方程式，点击左下角的 New，出现 Edit Stoichiometry 对话框，输入反应物、产物及其化学计量系数，并指定丙烯的转化率为 90%，如图 5-22 所示。

点击对话框下方的 Close 或 **N→**，回到 Blocks/REACTOR/Setup/Reactions 页面，如图 5-23 所示。

图 5-23 化学反应式输入页面

（3）SEP 模块。

点击工具栏中的 **N→**，进入 Blocks/SEP /Input/Specifications 页面，输入分离器的操作参数，压降和热负荷均为 0，如图 5-24 所示。

可以看到，图 5-24 右下角的状态栏显示 Required Input Complete，表示模拟所必需的数据输入完成，可以运行模拟。

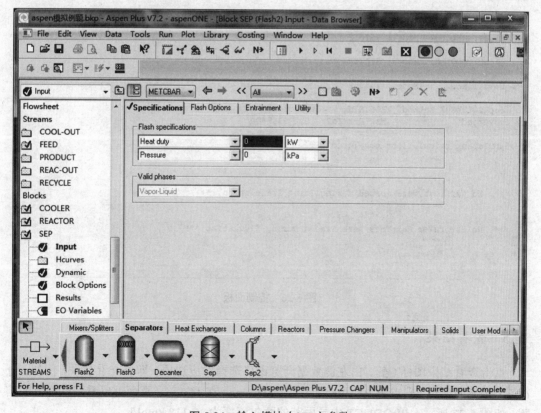

图 5-24 输入模块（SEP）参数

5.2.4 运行模拟

点击工具栏中 **N⇒**，出现如图 5-25 所示的 Required Input Complete。

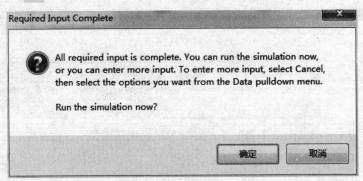

图 5-25 "信息提示"对话框

点击确定，即可运行。用户也可以点击工具栏中的运行（Start）图标 ▸ 或使用快捷键 F5 直接运行模拟；若是用户在输入过程中有改动，需要重新运行模拟时，可以先点击工具栏中的初始化（Reinitialize） ⭰ ，对模拟初始化后，再运行模拟。运行中出现的警告和错误均会在控制面板中显示，如图 5-26 所示，本题显示没有错误或警告。调用控制面板的快捷键为 F7。

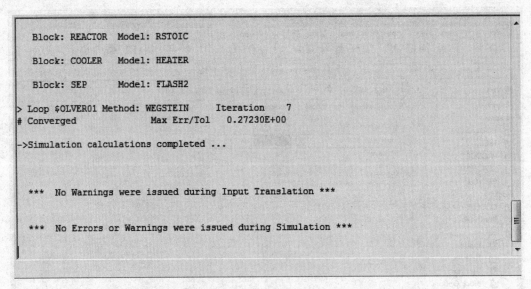

图 5-26 控制面板

5.2.5 查看结果

点击查看结果图标 ☑ ，由左侧数据浏览窗口选择对应选项，即可查看结果。例如，查看各个物流的信息，则点击 Results Summary/Streams，在 Material 页面可以看到各个物流的信息，如图 5-27 所示，PRODUCT 中异丙苯的摩尔流率为 17.118 kmol/h。

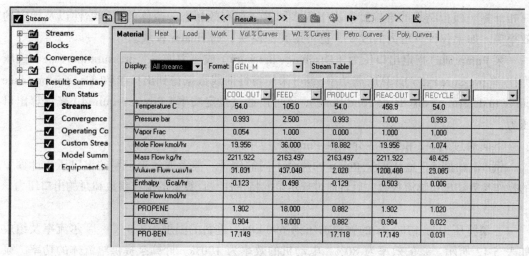

图 5-27　查看物流结果

5.3　流体输送单元概述

Aspen Plus 提供了六种不同的流体输送单元模块，比如泵、压缩机、管段、阀门等，具体介绍如表 5-11 所示。

表 5-11　流体输送单元模块介绍

模块	说明	功能	适用对象
Pump	泵或水轮机	当已知压力、功率或特性曲线时，改变物流压力	泵和水轮机
Compr	压缩机或涡轮机	当已知压力、功率或特性曲线时，改变物流压力	多变压缩机、多变正排量压缩机、等熵压缩机和等熵涡轮机
MCompr	多级压缩机或涡轮机	通过级间带有中间冷却器的多级压缩改变物流压力，可从中间冷却器采出液相物流	多级多变压缩机、多级多变正排量压缩机、多级等熵压缩机和多级等熵涡轮机
Valve	阀门	确定压降或阀系数	球阀、截止阀和蝶阀中的多相绝热流动
Pipe	单管段	计算通过单管段或环形空间的压降或传热量	恒定直线的管线（可包括管件）
Pipeline	多段管线	计算通过单管段或环形空间的压降或传热量	具有多段不同直径或标高的管线

5.3.1　泵 Pump 的模拟

泵 Pump 可以模拟实际生产中输送流体的各种泵，主要用来计算将流体压力提升到一定值所需的功率。该模块一般用来处理单液相，对于某些特殊情况，用户也可以进行两相或三相计算。模拟结果的准确度取决于很多因素，如有效相态、流体的可压缩性以及规定的效率等。如果仅计算压力的改变，也可用其他模块，如 Heater 模块。

泵 Pump 通过指定出口压力（Discharge pressure）或压力增量（pressure increase）或压力比率（pressure ratio）计算所需功率，也可采用特性曲线数据得到出口参数（Use performance curve to determine discharge conditions），还可以通过指定功率（Power required）来计算出口压力。

下面通过例 5.2 和例 5.3 介绍泵 Pump 的应用。

例 5.2 和例 5.3 是计算泵 Pump 的两个不同的例子。前者通过规定泵的出口压力计算泵的操作参数和出口物流参数，后者通过规定泵的特性曲线计算泵的操作参数和泵的出口压力。

例 5.2

一泵将压力为 170 kPa 的物流加压到 690 kPa，进料的温度为-10 ℃，摩尔流率及组成如表 5-12 所示。泵的效率为 80%，电动机的效率为 100%。计算泵提供给流体的功率、泵所需要的轴功率以及电动机消耗的电功率各是多少？物性方法采用 PENG-ROB。

表 5-12　进料组成

组分	缩写式	流率/（kmol/h）
甲烷	C1	0.05
乙烷	C2	0.45
丙烷	C3	4.55
正丁烷	NC4	8.60
异丁烷	IC4	9.00
1,3-丁二烯	DC4	9.00

启动 Aspen Plus，选择模块 General with Metric Units，将文件保存为 Example5.2-Pump.bkp。

建立如图 5-28 所示的流程图，其中 PUMP 采用模块库中 Pressure Changers/Pump/ICON1 模块。

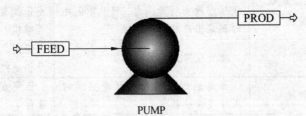

PUMP

图 5-28　泵 Pump 流程的流程图

点击 N▸，出现 Flowsheet Complete 对话框，点击确定，进入 Setup/Specifications/Global 页面，在名称（Title）框中输入 Pump。

点击 N▸，进入 Components/Specifications/Selection 页面，输入组分 C1（METHA-01）、C2（ETHAN-01）、C3（PROPA-01）、NC4（N-BUT-01）、IC4（ISOBU-01）和 DC4（1∶3-B-01），如图 5-29 所示。

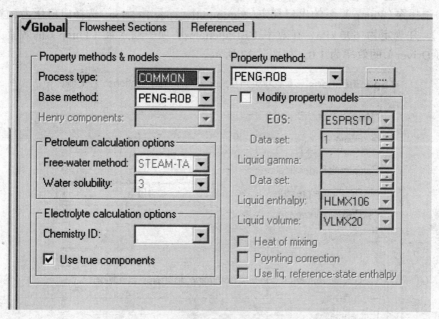

图 5-29　输入组分

点击 N→，进入 Properties/Specifications/Global 页面，选择物性方法 PENG-ROB，如图 5-30 所示。

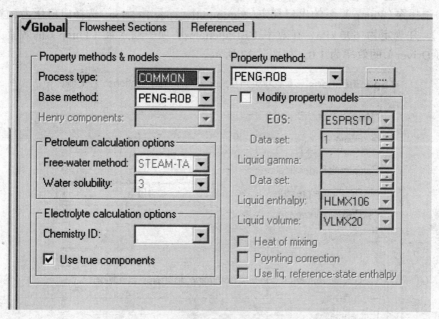

图 5-30　选择物性方法

点击 N→，查看方程的二元交互作用参数，本例采用默认值，不做修改。

点击 N→，出现 Required Properties Input Complete 对话框，点击 OK，进入 Streams/FEED/Input/Specifications 页面，输入进料（FEED）温度 -10 ℃，压力 170 kPa，以及 C1、C2、C3、NC4、IC4 和 DC4 的摩尔流率分别为 0.05 kmol/h、0.45 kmol/h、8.60 kmol/h、9.00 kmol/h 和 9.00 kmol/h，如图 5-31 所示。

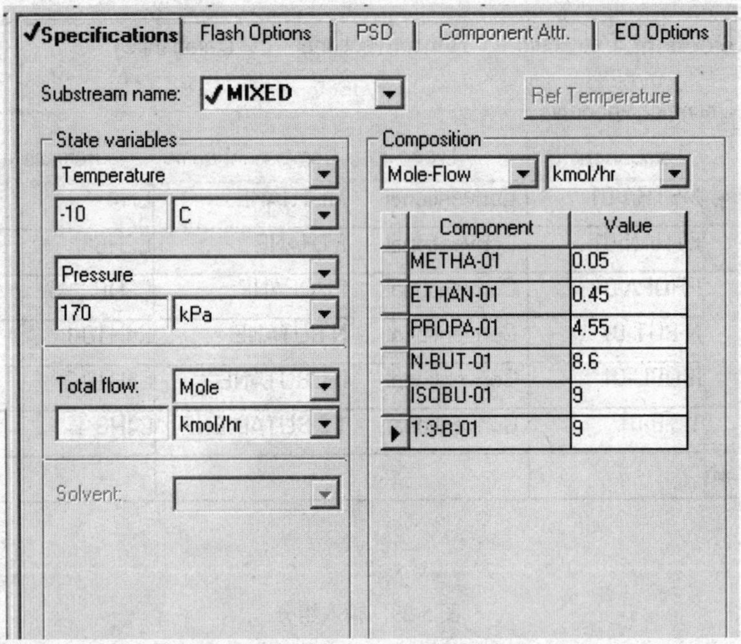

图 5-31　输入进料（FEED）条件

点击 **N→**，进入 Blocks/PUMP/Setup/Specifications 页面，输入 Pump 模块参数。模型（Model）选择泵（Pump），泵的出口规定（Pump outlet specification）选择出口压力（Discharge pressure），并规定为 690 kPa，在效率（Efficiencies）项中输入泵（Pump）的效率为 0.8，电动机（Driver）的效率为 1.0，如图 5-32 所示。

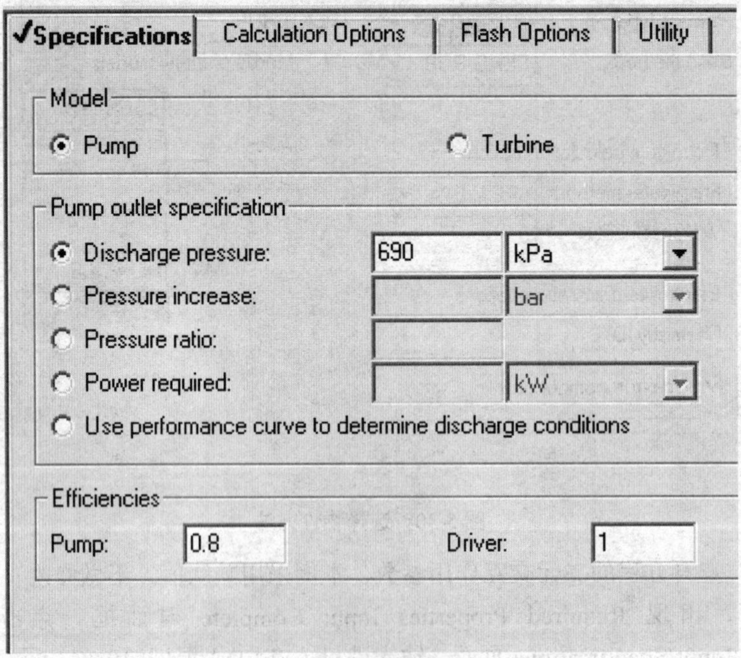

图 5-32　输入模块（PUMP）参数

点击 **N→**，出现 Required Input Complete 对话框，点击确定，运行模拟。

点击 ☑ ，由左侧数据浏览窗口选择 Blocks/Pump/Results，在 Summary 页面可看到泵提供给流体的功率（Fluid power）为 0.41 kW，泵需要的轴功率（Brake power）为 0.51 kW，以及电动机消耗的电功率（Electricity）为 0.51 kW，如图 5-33 所示。

Summary	Balance	Performance Curve	Utility Usage

Pump results

Fluid power:	0.40968091	kW
Brake power:	0.51210114	kW
Electricity:	0.51210114	kW
Volumetric flow rate:	2.83625244	cum/hr
Pressure change:	5.2	bar
NPSH available:	0.82219445	meter
NPSH required:		
Head developed:	87.1959979	meter
Pump efficiency used:	0.8	
Net work required:	0.51210114	kW

图 5-33　查看模块（PUMP）结果

例 5.3

一泵输送流率为 100 kmol/h 的苯，苯的压力为 100 kPa，温度为 40 ℃。泵的效率是 60%，电动机的效率是 90%，特性曲线数据如表 5-13 所示。计算泵的出口压力、提供给流体的功率以及泵所需要的轴功率各是多少？物性方法采用 RK-SOAVE。

表 5-13　泵的特性曲线数据

流率 /（m³/h）	20	10	5	3
扬程/m	40	250	300	400

启动 Aspen plus，选择模块 General with Metric Units，将文件保存为 Example5.3-Pump.bkp。

建立如图 5-34 所示的流程图，其中 PUMP 采用模块库中 Pressure Changers/Pump/ICON1 模块。

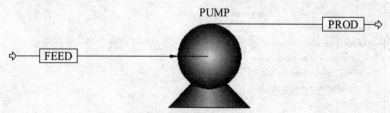

图 5-34　泵 Pump 流程图

点击 N⯈ ，出现 Flowsheet Complete 对话框，点击确定，进入 Setup/Specifications/Global 页面，在名称（Title）框中输入 Pump。

点击 N⯈ ，进入 Components/Specifications/Selection 页面，输入组分苯（BENZE-01）。

点击 **N→**，进入 Properties/Specifications/Global 页面，选择物性方法 RK-SOAVE。

点击 **N→**，出现 Required Properties Input Complete 对话框，点击 OK，进入 Streams/FEED/Input/Specifications 页面，输入进料（FEED）温度 40 ℃，压力 100 kPa，以及苯的摩尔流率 100 kmol/h。

点击 **N→**，进入 Blocks/PUMP/Setup/Specifications 页面，输入 Pump 模块参数。模型（Model）选择泵（Pump），泵的出口规定（Pump outlet specification）选择采用特性曲线计算出口参数（Use performance curve to determine discharge conditions），泵（Pump）的效率为 0.6，电动机（Driver）的效率为 0.9，如图 5-35 所示。

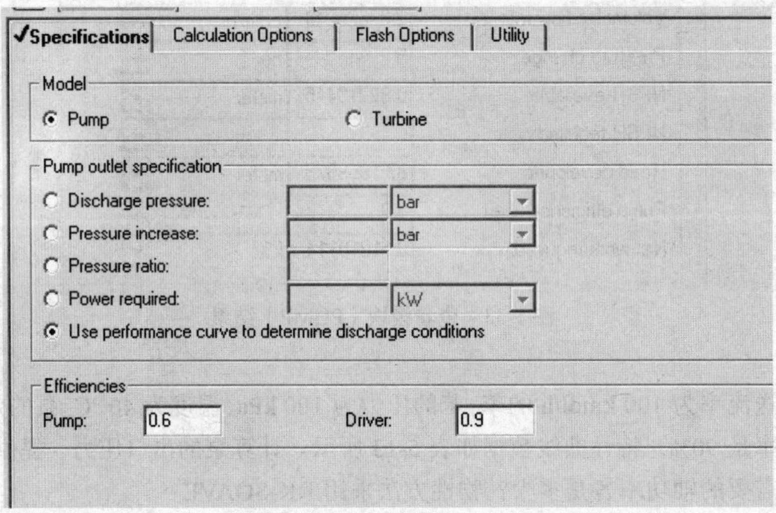

图 5-35　输入模块（PUMP）参数

点击 **N→**，进入 Blocks/PUMP/Performance Curves/Curve Setup 页面，设置泵的特性曲线参数。选择曲线形式（Select curve format）为列表数据 （Tabular data），选择流率变量（Flow variable）为体积流率（Vol-Flow），曲线数目（Number of curves）选择操作转速下的单条曲线（Single curve at operating speed），如图 5-36 所示。

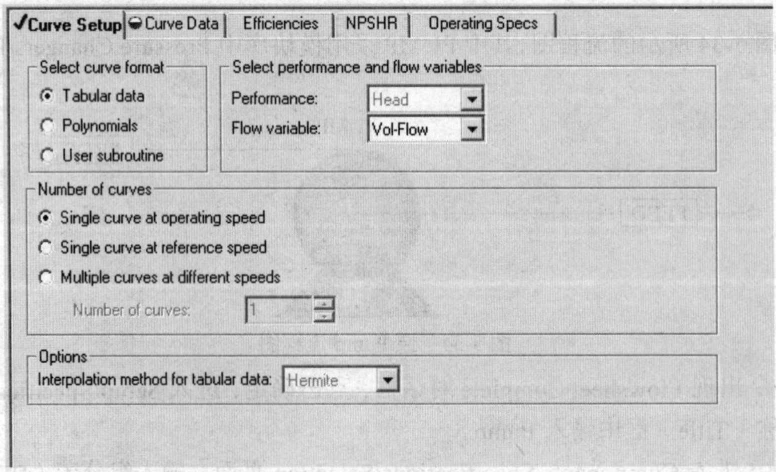

图 5-36　设置泵的特性曲线参数

点击 **N→**，进入 Blocks/PUMP/Performance Curves/Curve Data 页面，输入泵的特性曲线数据。扬程（Head）单位为 meter，流率（Flow）单位为 cum/hr，在扬程对流率的数据表（Head vs. flow tables）项中输入特性曲线数据，如图 5-37 所示。

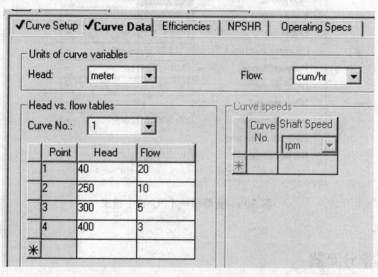

图 5-37　输入泵的特性曲线数据

点击 **N→**，出现 Required Input Complete 对话框，点击确定，运行模拟。

点击 **☑**，由左侧数据浏览窗口选择 Streams/PROD/Rsults，在 Material 页面可看到泵的出口压力为 121.814 bar，如图 5-38 所示。

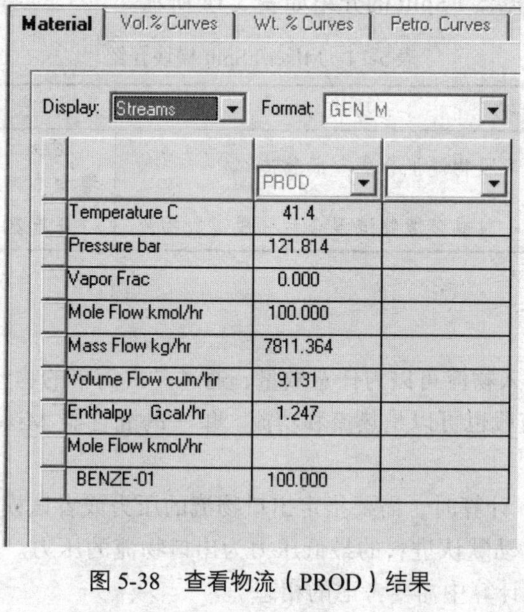

图 5-38　查看物流（PROD）结果

由左侧数据浏览窗口选择 Blocks/Pump/Results，在 Summary 页面可看到泵提供给流体的功率（Fluid power）为 5.52 kW，泵需要的轴功率（Brake power）为 9.21 kW，如图 5-39 所示。

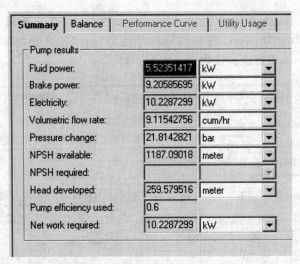

图 5-39　查看模块（PUMP）结果

5.4　混合器/分流器

在化工生产中，固体、液体和气体物质溶解于溶剂的过程是常见的单元操作，涉及溶解度和溶解热的计算。多股物料的混合与一股物料分流成多股物料是化工生产中常见的操作，其物料与能量衡算可以用 Aspen Plus 中的混合器与分流器进行模拟。

混合器 Mixer 与分流器 FSplit 的介绍如表 5-14 所示。

表 5-14　Mixer/FSplit 模块介绍

模块	说明	功能	适用对象
Mixer	混合器	把多股物流混合成一股物流	混合三通型、物流混合操作、增加热流或增加功流操作
FSplit	分流器	把一股或多股物流混合后分成多股物流	分流器、排气阀

5.4.1　混合器 Mixer

混合器 Mixer 的输入物流可以为任意数量，通过一次简单的物料平衡混合为一股物流。混合器 Mixer 的输入流股也可以是热流和功流。单一的混合器 Mixer 不能同时混合物流、热流和功流。

采用混合器 Mixer 计算时，需要指定出口物流的压力或者该模块的压降，如果不指定压力或压降，模块将自动默认进料的最低压力为出口物流的压力。另外，还需确认出口物流的有效相态（在闪蒸计算中需要考虑的相态）。

下面通过例 5.4 介绍混合器 Mixer 的应用。

例 5.4

将表 5-15 中的三股物流混合，求混合后的产品温度、压力及各组分分流率，物性方法选用 CHAO-SEA。

表 5-15 三股物料的进料情况

物流	组分	流率/（kmol/h）	温度/°C	压力/MPa	气相分率
进料（FEED1）	丙烷（C3） 正丁烷（NC4） 正戊烷（NC5） 正己烷（NC6）	10 15 15 10	100	2	
进料（FEED2）	丙烷（C3） 正丁烷（NC4） 正戊烷（NC5） 正己烷（NC6）	15 15 10 10	120	2.5	
进料（FEED3）	丙烷（C3） 正丁烷（NC4） 正戊烷（NC5） 正己烷（NC6）	25 0 15 10	100		0.5

启动 Aspen Plus，选择模板 General with Metric Units，文件保存为 Example5.4-Mixer.bkp。

建立如图 5-40 所示的流程图，其中 MIXER 选用模块库中 Mixer/Splitters/Mixer/TRIANGLE 模块。

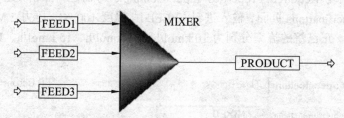

图 5-40 混合器 Mixer 流程图

点击 **N⇒**，出现 Flowsheet Complete 对话框，点击确定，进入 Setup/Specifications/Global 页面，在名称（title）框中输入 Mixer。

点击 **N⇒**，进入 Components/Specifications/Selection 页面，输入组分丙烷（C3）、正丁烷（NC4）、正戊烷（NC5）、正己烷（NC6），如图 5-41 所示。

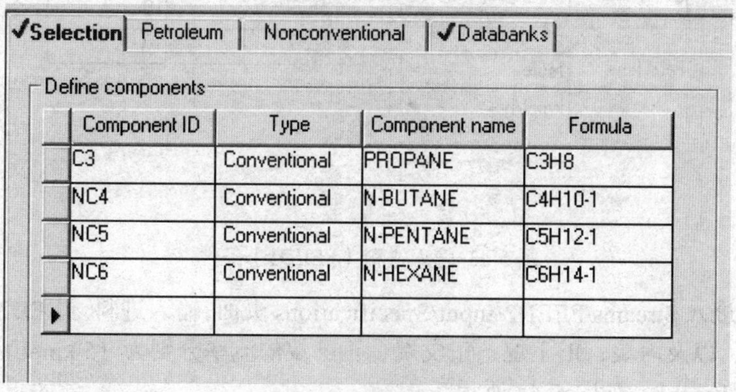

图 5-41 输入组分

点击 N→ ，进入 Properties/Specifications/Global 页面，选择物性方法 CHAO-SEA，如图 5-42 所示。

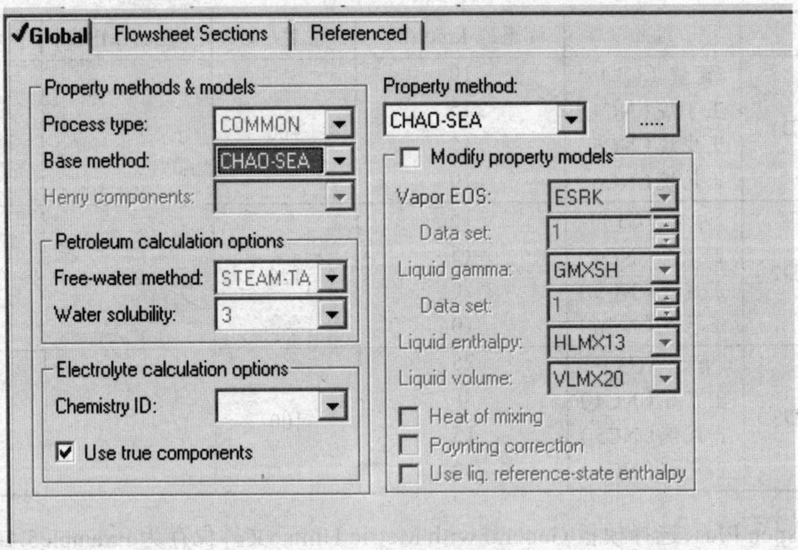

图 5-42　选择物性方法

点击 N→ ，出现 Required Properties Input Complete 对话框，点击 OK，进入 Streams/FEED1/Input/Specifications 页面，输入进料（FEED1）温度 100 ℃、压力 2 MPa，以及丙烷、正丁烷、正戊烷、正己烷的流率分别为 10 kmol/h、15 kmol/h、15 kmol/h、10 kmol/h，如图 5-43 所示。

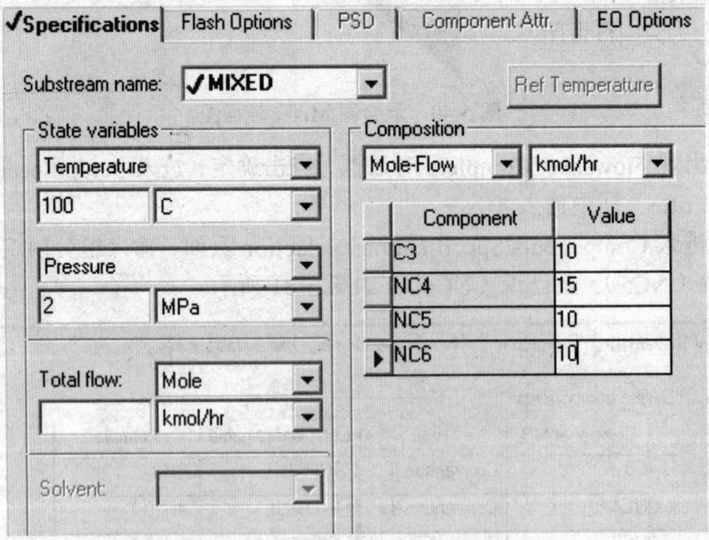

图 5-43　输入进料（FEED1）条件

点击 N→ ，进入 Streams/FEED2/Input/Specifications 页面，输入进料（FEED2）温度 120 ℃，压力 2.5 MPa，以及丙烷、正丁烷、正戊烷、正己烷的流率分别为 15 kmol/h、15 kmol/h、10 kmol/h、10 kmol/h，如图 5-44 所示。

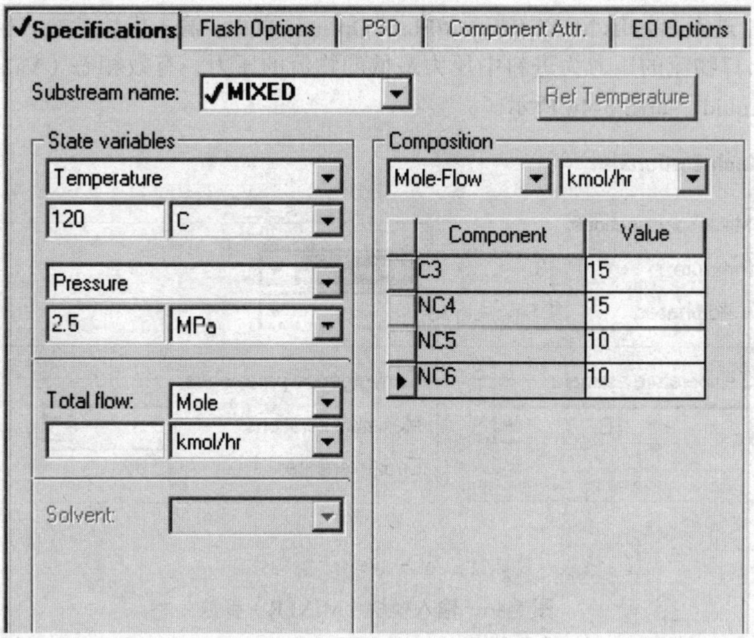

图 5-44 输入进料（FEED2）条件

点击 N→ ,进入 Streams/FEED3/Input/Specifications 页面,输入进料(FEED3)温度 100 ℃,气相分率 0.5, 以及丙烷、正丁烷、正戊烷、正己烷的流率分别为 25 kmol/h、0 kmol/h、15 kmol/h、10 kmol/h, 如图 5-45 所示。

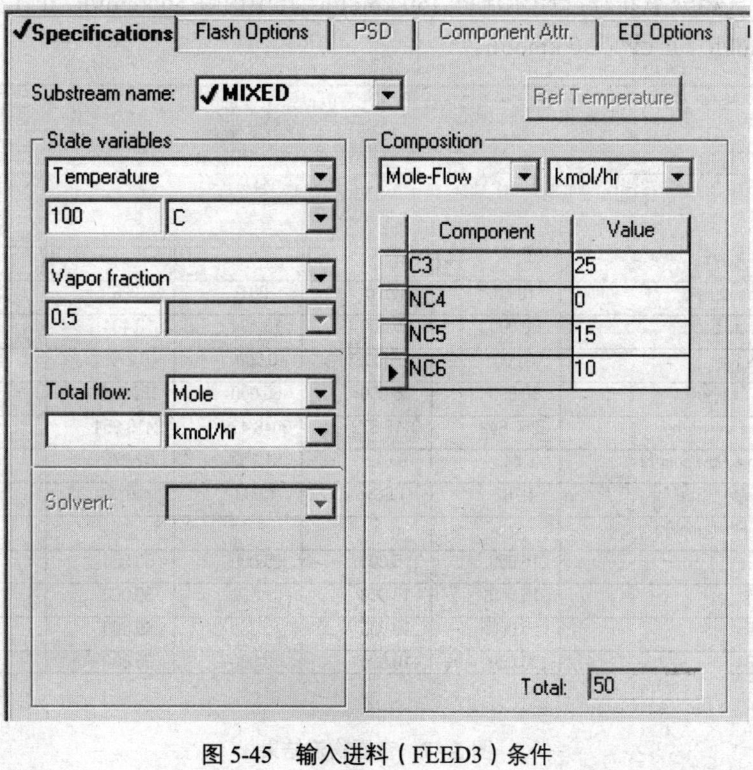

图 5-45　输入进料（FEED3）条件

点击 **N→**，进入 Blocks/MIXER/Input/Flash Options 页面，输入模块参数，本例不做改动，则压力默认出口物流的压力为进料中压力最低的物流的压力，有效相态（Valid phases）默认为 Vapor-Liquid，如图 5-46 所示。

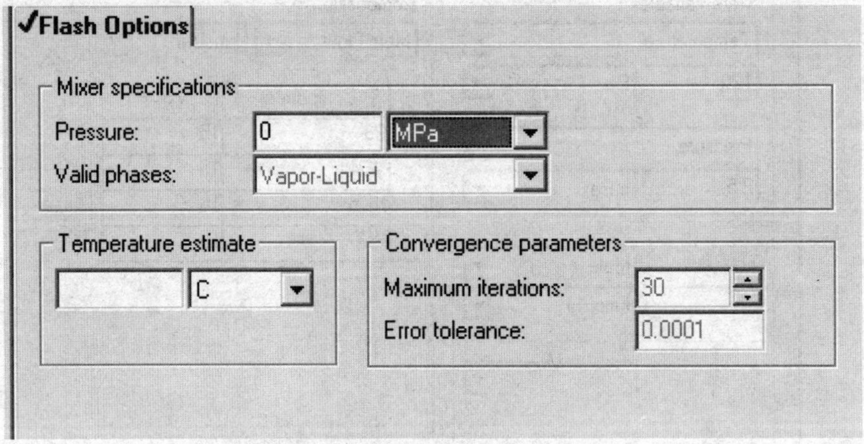

图 5-46　输入模块（MIXER）参数

点击 **N→**，Required Input Complete 对话框，点击确定，运行模拟。

点击 **☑**，由左侧数据浏览窗口选择 Results Summary/Streams，在 Material 页面可以看到进料物流 FEED1、FEED2、FEED3 和出口物流 PRODUCT 的温度、压力、气相分率、流率以及各组分分流率等结果，如图 5-47 所示。物流 PRODUCT 的结果为：温度 97.6 ℃、压力 1.35 MPa、气相分率 0.277、摩尔流率 150 kmol/h，其中丙烷 50 kmol/h、正丁烷 30 kmol/h、正戊烷 40 kmol/h、正己烷 30 kmol/h。

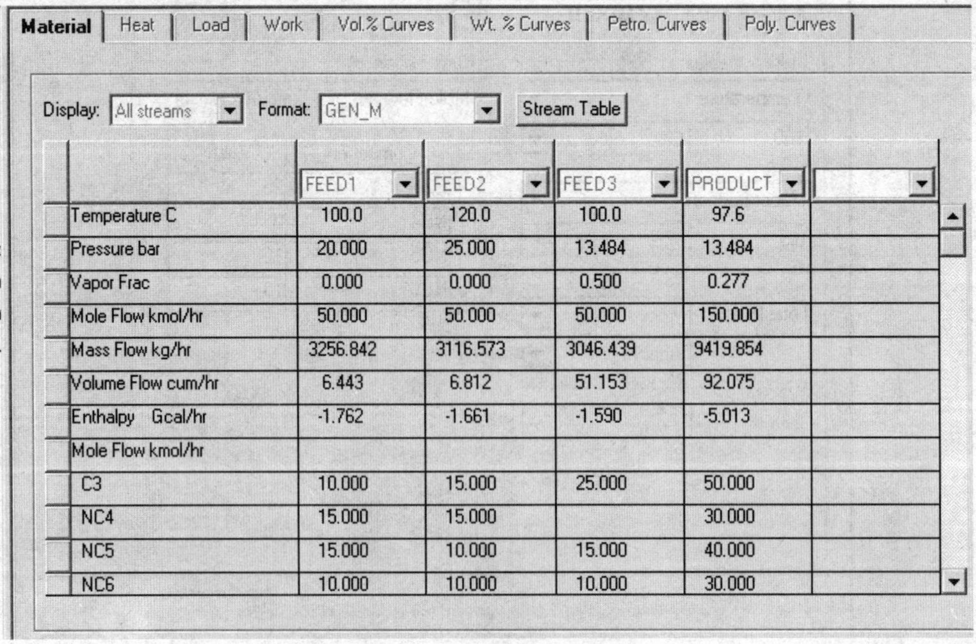

	FEED1	FEED2	FEED3	PRODUCT	
Temperature C	100.0	120.0	100.0	97.6	
Pressure bar	20.000	25.000	13.484	13.484	
Vapor Frac	0.000	0.000	0.500	0.277	
Mole Flow kmol/hr	50.000	50.000	50.000	150.000	
Mass Flow kg/hr	3256.842	3116.573	3046.439	9419.854	
Volume Flow cum/hr	6.443	6.812	51.153	92.075	
Enthalpy Gcal/hr	-1.762	-1.661	-1.590	-5.013	
Mole Flow kmol/hr					
C3	10.000	15.000	25.000	50.000	
NC4	15.000	15.000		30.000	
NC5	15.000	10.000	15.000	40.000	
NC6	10.000	10.000	10.000	30.000	

图 5-47　查看物流结果

152

5.4.2　分流器 FSplit

　　分流器 FSplit 可以将已知状态（如温度、压力、流率、组成等）的一股或几股物流混合后分割成相同状态的任意股出口物流，所有出口物流具有与混合后的入口物流相同的组成和条件。分流器 FSplit 不能把一股物流分成不同类型的流股，例如分流器 FSplit 不能把一股物流分成一股功流和一股物流。

　　可以通过指定产品分率（Split Fraction，产品流率进料总流率的比值）、质量流率、摩尔流率、体积流率或组分流率（需要指定关键组分 Key components）来确定出口产品的参数。

　　分流器 FSplit 同混合器 Mixer 一样，需要指定出口物流的压力或者该模块的压降，如果不指定压力或压降，模块将自动默然进料的最低压力为出口物流的压力。另外，还需要确定出口物流的有效相态。

　　下面通过例 5.5 介绍分流器 FSplit 的应用。

　　例 5.5

　　将三股进料通过分流器分成三股产品 PRODUCT1、PRODUCT2、PRODUCT3，进料物流依然选用例 5.4 中表 5-14 中的三股进料，物性方法选用 CHAO-SEA，要求：① 物流 PRODUCT1 的摩尔流率为进料的 50%；② 物流 PRODCCT2 中含有 10 kmol/h 正丁烷。

　　启动 Aspen Plus，选择模板 General with Metric Units，文件保存为 Example5.5-Mixer.bkp。

　　建立如图 5-48 所示的流程图，其中 MIXER 选用模块库中 Mixer/Splitters/Fsplit/TRIANGLE 模块。

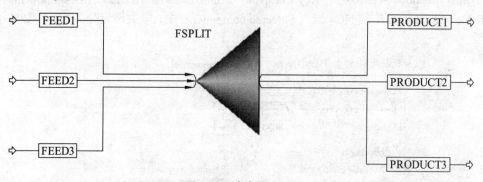

图 5-48　分流器 FSplit

　　点击 **N▸**，出现 Flowsheet Complete 对话框，点击确定，进入 Setup/Specifications/Global 页面，在名称（title）框中输入 FSplit。

　　点击 **N▸**，进入 Components/Specifications/Selection 页面，输入组分丙烷（C3）、正丁烷（NC4）、正戊烷（NC5）、正己烷（NC6）。

　　点击 **N▸**，进入 Properties/Specifications/Global 页面，选择物性方法 CHAO-SEA。

　　点击 **N▸**，出现 Required Properties Input Complete 对话框，点击 OK，进入 Streams/FEED1/Input/Specifications 页面，输入进料（FEED1）温度 100 ℃、压力 2 MPa，以及丙烷、正丁烷、正戊烷、正己烷的流率分别为 10 kmol/h、15 kmol/h、15 kmol/h、10 kmol/h。

　　点击 **N▸**，进入 Streams/FEED2/Input/Specifications 页面，输入进料（FEED2）温度 120 ℃，压力 2.5 MPa，以及丙烷、正丁烷、正戊烷、正己烷的流率分别为 15 kmol/h、15 kmol/h、

10 kmol/h、10 kmol/h。

点击 N→ ,进入 Streams/FEED3/Input/Specifications 页面,输入进料(FEED3)温度 100 ℃,气相分率 0.5,以及丙烷、正丁烷、正戊烷、正己烷的流率分别为 25 kmol/h、0 kmol/h、15 kmol/h、10 kmol/h。

点击 N→ ,进入 Blocks/FSPLIT/Input/Specifications 页面,物流 PRODUCT1 的 Specification 选择 Split fraction,Value 为 0.5;物流 PRODUCT2 的 Specification 选择 Flow,Basis 选择 Mole,则 Units 默认为 kmol/h,Value 输入 10,Key Com No 为 1,如图 5-49 所示。

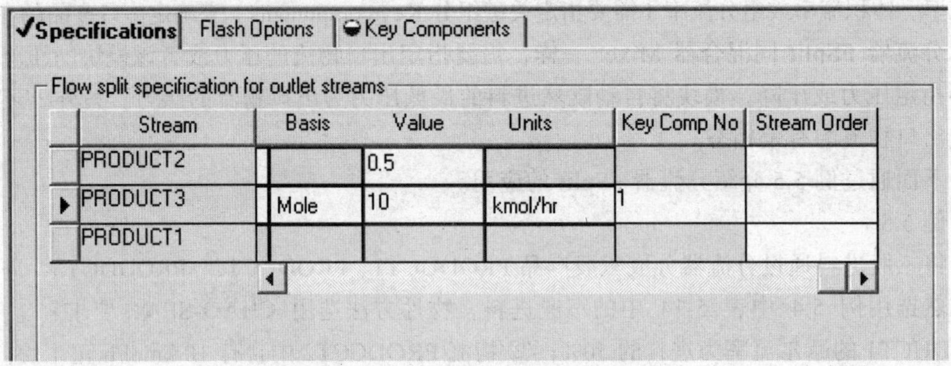

Stream	Basis	Value	Units	Key Comp No	Stream Order
PRODUCT2		0.5			
▶ PRODUCT3	Mole	10	kmol/hr	1	
PRODUCT1					

图 5-49   输入模块（FSPLIT）参数

点击 N→ ,进入 Blocks/FSPLIT/Input/Key Components 页面,Key component number 选 1 （ 即在 Specifications 页面指定的 Key Comp No),Substream 选 MIXED,在 Components 中将 Available components 中的 NC4 选入 Selected components 中,即关键组分为 NC4,如图 5-50 所示。

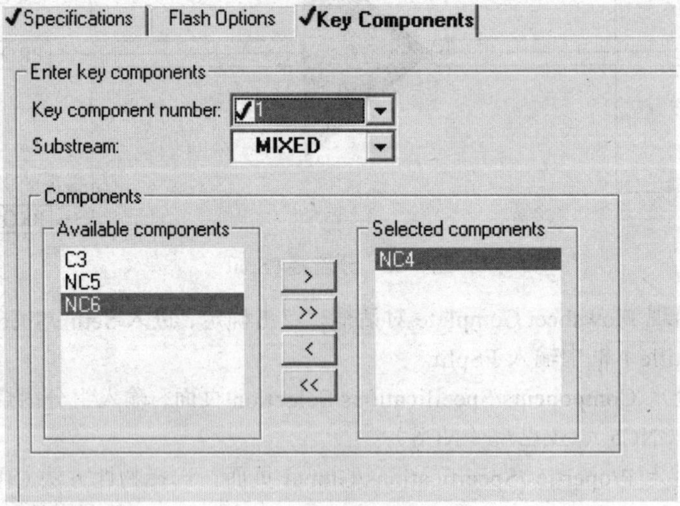

图 5-50   选择关键组分

点击进入 Blocks/FSPLIT/Input/Flash Options 页面,不作任何改动,则 Pressure 默认压降为 0,即默认出口物流的压力为进料中压力最低的物流压力,有效相态（ Valid phases)默认为 Vapor-Liquid,如图 5-51 所示。

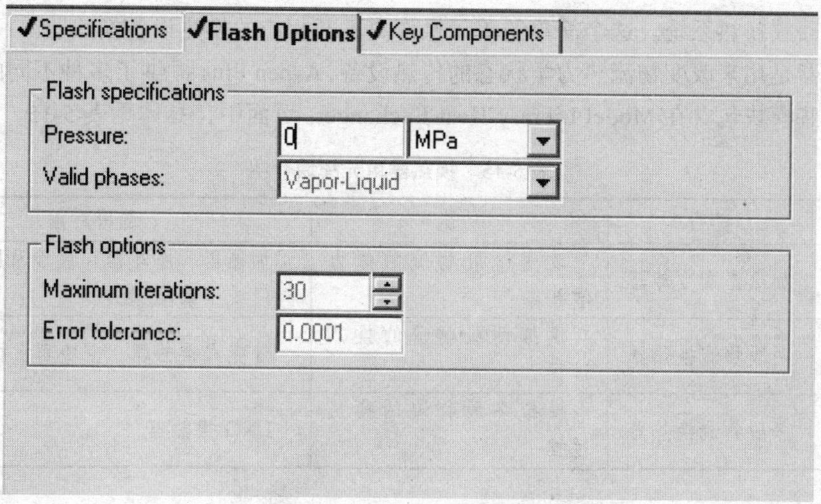

图 5-51 默认闪蒸选项

点击 N→，Required Input Complete 对话框，点击确定，运行模拟。

点击 ☑，由左侧数据浏览窗口选择 Results Summary/Streams，在 Material 页面可以看到各产品物流 PRODUCT1、PRODUCT2 与 PRODUCT3 的温度、压力、气相分率等参数结果，如图 5-52 所示。

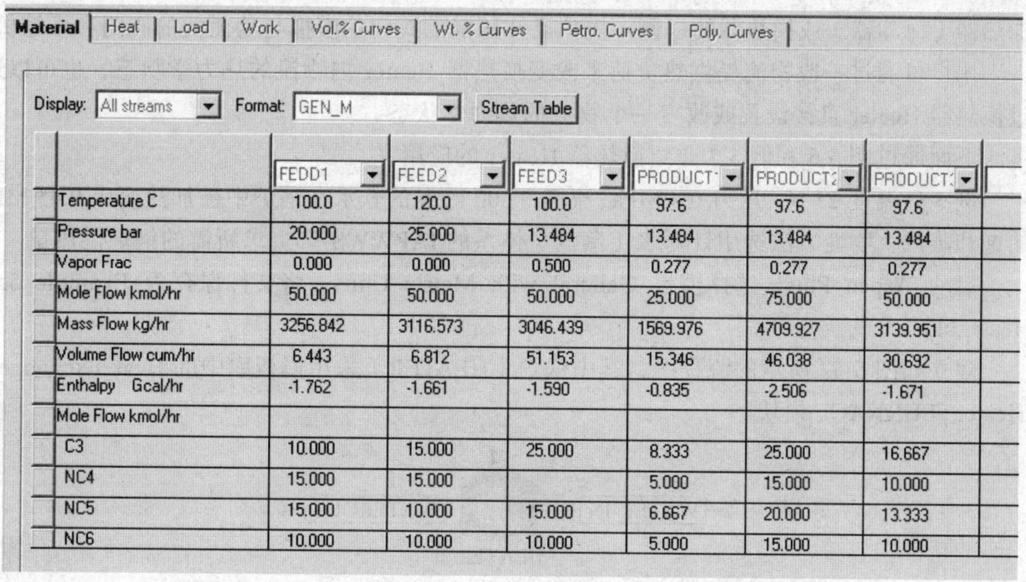

| Material | Heat | Load | Work | Vol.% Curves | Wt.% Curves | Petro. Curves | Poly. Curves |

Display: All streams Format: GEN_M Stream Table

	FEDD1	FEED2	FEED3	PRODUCT1	PRODUCT2	PRODUCT3
Temperature C	100.0	120.0	100.0	97.6	97.6	97.6
Pressure bar	20.000	25.000	13.484	13.484	13.484	13.484
Vapor Frac	0.000	0.000	0.500	0.277	0.277	0.277
Mole Flow kmol/hr	50.000	50.000	50.000	25.000	75.000	50.000
Mass Flow kg/hr	3256.842	3116.573	3046.439	1569.976	4709.927	3139.951
Volume Flow cum/hr	6.443	6.812	51.153	15.346	46.038	30.692
Enthalpy Gcal/hr	-1.762	-1.661	-1.590	-0.835	-2.506	-1.671
Mole Flow kmol/hr						
C3	10.000	15.000	25.000	8.333	25.000	16.667
NC4	15.000	15.000		5.000	15.000	10.000
NC5	15.000	10.000	15.000	6.667	20.000	13.333
NC6	10.000	10.000	10.000	5.000	15.000	10.000

图 5-52 查看物流结果

5.5 换热器单元模拟

在化工流程中，从原料到产品的整个生产过程中，始终伴随着能量的供应、转换、利用和回收、生产、排弃等环节。例如，进料需要加热，产品需要冷却，冷热物流之间换热构成了热回收换热系统。这个简单的单元操作离不开相应的换热设备换热器。

换热器是用来改变物流热力学状态的传热设备,Aspen Plus 提供了多种不同的传热单元模块,这些模块包含在 Model Library/Heat Exchangers 页面中,具体见表 5-15。

表 5-15 换热器单元模块介绍

模块	说明	功能	适用对象
Heater	加热器或冷却器	改变一股物流的热力学状态	加热器、冷却器、仅涉及压力的泵、阀门或压缩机
HeatX	两股物流换热器	模拟两股物流的换热过程	管壳式换热器、空冷器、板式换热器
MHeatX	多股物流换热器	模拟多股物流的换热过程	LNG 换热器

5.5.1 换热器 Heater

换热器 Heater 可以用于模拟计算单股或多股进口物流,使其变成某一特定温度、压力或相态下的单股物流;也可以通过设定条件来求解已知组成物流的热力学状态。换热器 Heater 可以进行多种类型的计算和模拟,常见的有以下几种:计算已知物流的泡点或露点;计算已知物流的过热或过冷的匹配温度;计算已知物流达到某一状态所需的热负荷;模拟加热器(冷却器)或换热器的一侧;模拟已知压降的阀门;模拟与功无关的阀门和压缩机。

用户可通过一股物流提供热负荷来改变换热器 Heater 内物流的热力学状态,也可以通过换热器 Heater 直接设置或改变一个物流的热力学状态。

下面通过例 5.6 和例 5.7 介绍换热器 Heater 的应用。

例 5.6 温度 25 ℃、压力 0.4 MPa、流速 5 000 kg/h 的软水在锅炉中被加热变成 0.45 MPa 的饱和蒸汽,物性方法选用针对水(蒸汽)体系的 IAPWWS-95。求所需的锅炉供热量。

启动 Aspen Plus,选择模板 General with Metric Units,将文件保存为 Example 5.6-Heater.bkp。

建立如图 5-53 所示的流程图,其中锅炉(HEATER)采用模板库中的 Heat Exchangers |Heater | FURNACE 模块。

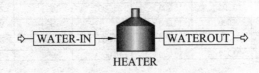

图 5-53 锅炉(HEATER)流程

点击 **N→**,出现 Flowsheet Complete 对话框,点击确定,进去 Setup /Specifications /Global 页面,在名称(Tide)框中输入 HEATER。

点击 **N→**,进入 Components /Specification /Selection 页面。输入组分水(H_2O)。

点击 **N→**,进入 Properties /Specifications/ Global 页面,Process type 选择 WATFR。Base methed 选择 IAPWS-95,如图 5-54 所示。

点击 **N→**，进入 Streams / WATER-IN/ Input/Specifications 页面，输入进料条件。如图 5-55 所示，进料压力为 0.4 MPa，温度为 25 °C，流率为 5 000 kg/h，进料中只含有 H_2O。

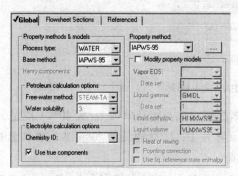

图 5-54 选择物性方法

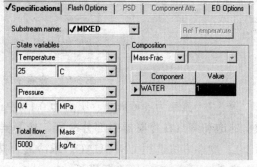

图 5-55 输入进料（WATER-IN）条件

点击 **N→**，进入 Blocks /HEATER/ Input /Specifications 页面，输入模块参数（即进行闪蒸规定），换热器 Heater 模块的闪蒸规定有多种组合，详见表 5-16。本例题规定出口气相分率为 1，出口压力为 0.45 MPa，如图 5-56 所示。

表 5-16 换热器的模块参数

类别	模块参数
压力（或压降）与右列参数之一	出口温度
	热负荷或者入口热流率
	气相分率
	温度改变
	过冷度或过热度
出口温度或温度改变与右列参数之一	压力
	热负荷
	气相分率

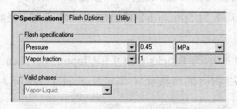

图 5-56 输入锅炉（HEATER）参数

对于压力（Pressure）的指定，当指定值 > 0 时，代表出口的绝对压力值；当指定值 ≤ 0 时，代表出口相对于进口的压降。

点击 **N→**，出现 Required Input Complete 对话框，点击确定，运行模拟。

点击 **☑**，由左侧数据浏览窗口选择 Blocks/HEATER/Results，在 Summary 页面查看模块结果，如图 5-57 所示，物流出口温度为 147.9 °C，出口压力为 0.45 MPa。锅炉供热量即热负荷为 3 664.15 kW。

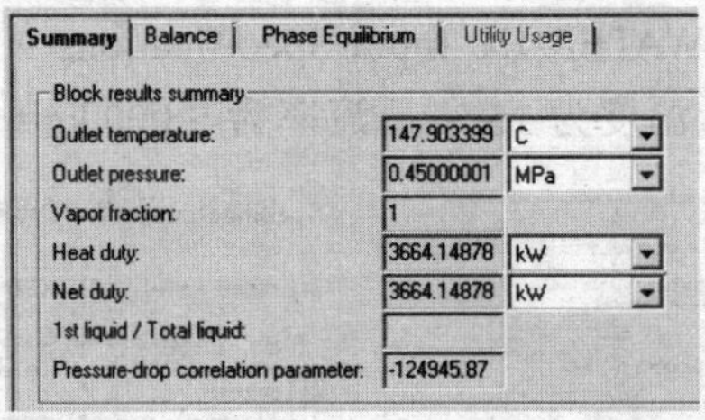

| Summary | Balance | Phase Equilibrium | Utility Usage |

Block results summary

Outlet temperature:	147.903399	C
Outlet pressure:	0.45000001	MPa
Vapor fraction:	1	
Heat duty:	3664.14878	kW
Net duty:	3664.14878	kW
1st liquid / Total liquid:		
Pressure-drop correlation parameter:	-124945.87	

图 5-57　查看锅炉（HEATER）结果

例 5.7　流率为 500 kg/h、压力为 0.1 MPa、含乙醇 60%（质量分数）、水 40%（质量分数）的饱和蒸汽在冷凝器中部分冷凝。冷凝器的压降为 0，冷凝物流的汽/液比（摩尔比）为 1/1，物性方法选用 UNIQUAC。求冷凝器热负荷。

启动 Aspen Plus，选择模板 General with Metric Units，将文件保存为 Example5.7-Cooler.bkp。

建立如图 5-58 所示流程图，其中冷凝器（COOLER）采用模块库中的 Hear Exchangers /Heater/ HEATER 模块。

COOLER

图 5-58　冷凝器（COOLER）流程

点击 N→，出现 Flowsheet Complete 对话框，点击确定，进入 Setup /Specifications/ Global 页面，在名称（Title）框中输入 COOLER。

点击 N→，进入 Components/Specifications/Selection 页面，输入组分乙醇（C_2H_6O）和水（H_2O）。

点击 N→，进入 Properties/Specifications/Global 页面，选择物性方法 UNIQUAC。

点击 N→，查看方程的二元交互作用参数，本例采用默认值，不做修改。

点击 N→，出现 Required Properties Input Complete 对话框，点击 OK，进入 Streams/ FEEDIN/Input/Specifications 页面，输入进料（FEEDIN）条件，压力 0.1 MPa，气相分率 1（进料为饱和蒸汽状态），流率为 500 kg/h，其组成成分含乙醇 60%（质量分数）、水 40%（质量分数）。

点击 N→，进入图 5-59 所示的 Blocks/COOLER/Input/Specifications 页面，进行闪蒸规定，物流出口气相分率 0.5[冷凝物流的汽液比（摩尔比）=1/1，压降为 0。

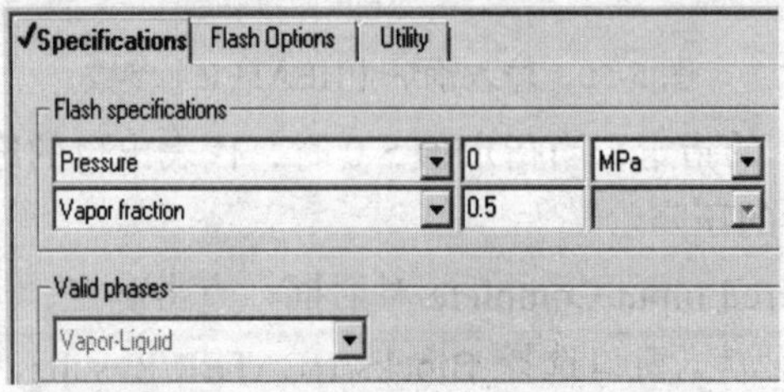

| ✓Specifications | Flash Options | Utility |

Flash specifications

Pressure	▼	0	MPa	▼
Vapor fraction	▼	0.5		▼

Valid phases

Vapor-Liquid ▼

图 5-59　输入模块（COOLER）参数

点击 N→，出现 Required Input Complete 对话框，点击确定，运行模式。

点击 **☑**，由左侧数据浏览窗口选择 Blocks /COOLER/ Results，查看模块运行结果，如图 5-60 所示。在 Summary 页面可以看出物流出口温度 82.68 ℃，出口压力 0.1 MPa，冷凝器热负荷-101.517 kW。

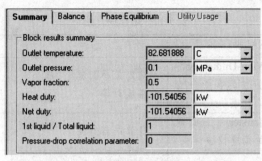

图 5-60　查看冷凝器（COOLER）结果

5.5.2　换热器 HeatX 简介

换热器 HeatX 用于模拟两股物流逆流或并流换热时的热量交换过程，可以对大多数类型的双物流换热器进行简介计算或详细计算。简洁计算可以使用最少的输入量来模拟一个换热器，不需要换热器结构或几何结构数据；详细计算可根据给定的换热器几何结构和流动情况计算实际的换热面积、传热系数、对数平均温差校正因子和压降等参数，HeatX 提供了较多的规定选项，但也需要较多的数据输入。这里主要介绍详细的核算或模拟（Detailed 选项）、严格的设计、核算或模拟（Shell&Tube、AirCooled 或 Plate 选项，为了方便，这里统称为 Rigorous 选项）。

Detailed 算法用关于膜系数的严格的传热关联式，并结合管程和壳程助力与壁阻来计算总传热系数，使用该算法需要知道换热器的结构。Rigorous 算法用关于膜系数的 EDR 模型，并结合两侧助力与壁阻来计算总传热系数，不同的 EDR 程序有许多不同的方法，用户需要指定程序的输入文件名称。

用户必须指定冷热物流进口条件和换热器的如下性能之一：冷物流或热物流的出口温度或温度变化、冷物流或热物流的出口气相分率、冷物流或热物流的出口过热或过冷程度、换热器的热负荷、传热表面积、当传热面积缺失时 UA 为可选项、冷物流或热物流的出口温度差。

不管是 Detailed 算法还是 Rigorous 算法，都需要确定换热器总体结构（即换热器内物流的流动方式）。当选择从换热器结构计算传热系数、膜系数或压力降时，需要输入换热器的结构信息。相关的主要结构和尺寸，用户可以参看专业的 Aspen plus 学习教程。

5.6　分离单元模拟

5.6.1　分离单元模拟概述

Aspen Plus 提供了 DSTWU，Distl，RadFrac，Extract 等分离单元模块。这些模块可以

模拟蒸馏、吸收、萃取等过程；可以采用严格算法，也可以采用简捷算法；可以进行操作型计算，也可以进行设计型计算；可以模拟普通精馏，也可以模拟特殊精馏，如萃取精馏、共沸精馏、反应精馏等，各个塔模块的介绍见表5-17。

表5-17　塔模块介绍

模块	说明	功能	适用对象
DSTWU	使用 Winn-Underwood-Gilliland 方法的多组分精馏的简捷设计模块	确定最小回流比、最小理论塔板数等	仅有一股进料和两股产品的简单精馏塔
Distl	使用 Edmister 方法的多组分精馏的简捷校核模块	计算产品组成	仅有一股进料和两股产品的简单精馏塔
RadFrac	单个塔的两组成或三相严格计算模块	精馏塔的严格核算和设计计算	普通精馏、吸收、汽提、萃取精馏、共沸精馏、三相精馏、反应精馏等
Extract	液-液萃取严格计算模块	液-液萃取严格计算	萃取塔
MultiFrac	严格法多塔蒸馏模块	对一些复杂的多塔进行严格核算和设计计算	原油常减压蒸馏塔、吸收/汽提塔组合等
SCFrac	简捷法多塔蒸馏模块	确定产品组成和流率，估算每个塔段理论塔板数和热负荷等	原油常减压蒸馏塔等
PetroFrac	石油蒸馏模块	对石油炼制工业中的复杂塔进行严格核算和设计计算	预闪蒸塔、原油常减压蒸馏塔、催化裂化主分馏塔、乙烯装置初馏塔和急冷塔组合等
RateFrac	非平衡级速率模块	精馏塔的严格核算和设计计算	蒸馏塔、吸收塔、汽提塔、共沸精馏、反应精馏等

5.6.2　精馏塔的简捷设计模块 DSTWU

　　DSTWU 是多组分精馏的简捷设计模块，针对相对挥发度近似恒定的物系开发，用于计算仅有一股进料和两股产品的简单精馏塔。DSTWU 模块用 Winn-Underwood-Gilliland 方法进行精馏塔的简捷设计计算，通过 Winn 方程（之后 Fenske 对 Winn 方程进行了完善）计算最小理论塔板数，使用 Underwood 方程计算最小回流比，根据 Gilliland 关联图来确定操作回流比下的理论塔板数或一定理论塔板数下所需要的回流比。DSTWU 模块计算精度不高，常用于初步设计，当存在共沸物时，计算结果可能会出现错误，DSTWU 模块的计算结果可以为严格精馏计算提供合适的初值。DSTWU 模块的连接图如图 5-61 所示。

　　塔的级数是由冷凝器开始从上向下进行编号。DSTWU 模块要求要有一股进料，一股塔顶产品及一股塔底产品，其中，塔顶产品允许在冷凝器中分出水相。每股流出热流包括再沸器或冷凝器的净热值，净热值指的是流入热流值与实际（计算）热负荷的差值。如果再沸器使用了热流，那么冷凝器也必须使用热流。

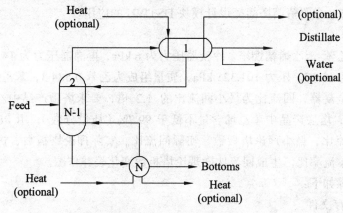

图 5-61　DSTWU 模块连接

DSTWU 模块有四组模块设定参数。

① 塔设定（Column specifications）。

包括理论塔板数（Number of stages）、回流比（Reflux ratio）。理论塔板数包括冷凝器和再沸器，回流比与理论塔板数仅允许规定一个。选择规定回流比时，输入值>0，表示实际回流比；输入值<-1，其绝对值表示实际回流比与最小回流比的比值。

② 关键组分回收率（Key component recoveries）。

包括轻关键组分在塔顶产品中的摩尔回收率（即塔顶产品中的轻关键组分摩尔流率/进料的轻关键组分摩尔流率）和重关键组分在塔顶产品中的摩尔回收率（即塔顶产品中的重关键组分摩尔流率/进料中的重关键组分摩尔流率）。

③ 压力（Pressure）。

包括冷凝器压力、再沸器压力。

④ 冷凝器设定（Condenser specifications）。

包括全凝器（Total condenser），带气相塔顶产品的部分冷凝器（Partial condenser with all vapor distillate），带气、液相塔顶产品的部分冷凝器（Partial condenser with vapor and liquid distillate）。

DSTWU 模块的模拟结果可给出最小回流比、最小理论塔板数、实际回流比、实际理论塔板数（包括冷凝器和再沸器）、进料位置、冷凝器负荷和再沸器负荷等参数。

DSTWU 模块有两个计算选项，分别为生成回流比随理论塔板数变化表（Blocks/ DSTWU/ Input / Calculation Options 下的 Generate table of reflux ratio vs number of theoretical stages 选项）和计算等板高度（Blocks/ DSTWU/ Input /Calculation Options 下的 Calculate HETP 选项）。

回流比随理论塔板数变化表对选取合理的理论塔板数很有参考价值。在实际回流比对理论塔板数（table of reflux ratio vs number of theoretical stages）一栏中输入要分析的理论塔板数的初始值（Initial number of stages）、终止值（Final number of stages）、并输入理论塔板数变化量（Increment size for number of stages）或者表中理论塔板数值的个数（Number of values in table），据此可以计算出不同理论塔板数下的回流比（Reflux ratio profile），并可以绘制回流比-理论塔板数曲线。

下面通过例 5.8 介绍精馏塔简捷设计模块 DSTWU 的应用。

例 5.8

简捷法设计乙苯-苯乙烯精馏塔。冷凝器压力为 6 kPa，再沸器压力为 14 kPa，进料量为 12 500 kg/h，温度 45 ℃，压力 101.325 kPa，质量组成为乙苯 0.584 3，苯乙烯 0.415，焦油 0.000 7，塔顶为全凝器，回流比为最小回流比的 1.2 倍，要求塔顶产品中乙苯含量不低于 99%（质量分数），塔底产品中苯乙烯含量不低于 99.7%（质量分数），用 PENG-ROB 物性方法。求最小回流比、最小理论塔板数、实际回流比、实际理论塔板数、进料位置以及塔顶产品与进料摩尔流率比，生成回流比随理论塔板数变化表并作图。

本题模拟步骤如下：

① 建立和保存文件。

启动 Aspen Plus，选择模块 General with Metric Units，将文件保存为 Example 5.8-DSTWU.bkp。

② 建立流程图。

建立如图 5-62 所示的流程图，其中塔（DSTWU）采用模块库中的 Columns / DSTWU/ICON1 模块。

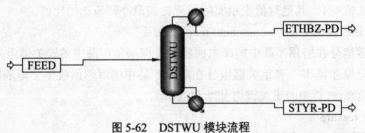

图 5-62　DSTWU 模块流程

③ 全局设定。

点击 N➤ 出现，出现 Flowsheet Complete 对话框，点击确定，进入 Setup/ Specifications/ Global 页面，在名称（Title）框中输入 DSTWU。

④ 输入组分。

点击 N➤ ，进入 Componnents/ Specifications/ selection 页面，输入组分乙苯（EB）、苯乙烯（STYRENE）、焦油（TAR），如图 5-63 所示，本例中焦油采用正十七烷表示。

Component ID	Type	Component name	Formula
EB	Conventional	ETHYLBENZENE	C8H10-4
STYRENE	Conventional	STYRENE	C8H8
TAR	Conventional	N-HEPTADECANE	C17H36

图 5-63　输入组分

⑤ 选择物性方法。

点击 N→，进入 Properties/ Specifications/ Global 页面，选择物性方法 PENG-ROB。

⑥ 输入进料条件。

点击 N→，出现 Required Properties Input complete 对话框，点击 OK，进入 Streams/ FEED/Input/ Specifications 页面，输入进料（FEED）的条件，温度 45 ℃，压力 101.325 kPa，流率 12 500 kg/h，质量组成：乙苯 0.584 3，苯乙烯 0.415，焦油 0.000 7，如图 5-64 所示。

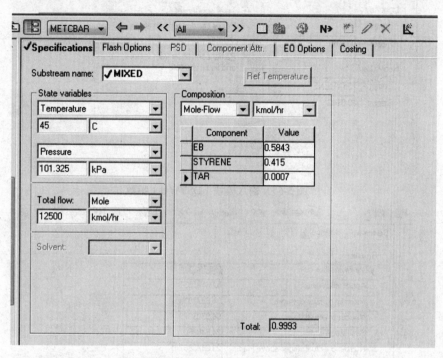

图 5-64　输入进料（FEED）条件

⑦ 输入模块参数。

点击 N→，进入 Blocks/ DSTWU/ Input/ Specifications 页面，输入 DSTWU 模块参数，如图 5-65 所示。本例中乙苯为轻关键组分（Light key），苯乙烯（STYRENE）为重关键组分（Heavy key）。根据产品纯度要求，计算可得塔顶乙苯的摩尔回收率为 99.91%，塔顶苯乙烯的摩尔回收率为 98.58%，苯乙烯在塔顶中的摩尔回收率为 1-0.985 8=0.014 2。回流比（Reflux ratio）中输入 "-1.2"，表示实际回流比是最小回流比的 1.2 倍，若输入 "1.2"，则表示实际回流比是 1.2。压力（Pressure）项中输入冷凝器压力为 6 kPa，再沸器压力 14 kPa。

⑧ 运行模拟。

点击 N→，出现 Required Input Complete，点击确定，运行模拟。

⑨ 查看结果。

点击 ☑，由左侧数据浏览窗口选择 Blocks/DSTWU/Results，在 Summary 页面可看到计算出的最小回流比为 4.26，最小理论塔板数为 35（包括全凝器和再沸器），实际回流比为 5.11，实际理论塔板数为 65（包括全凝器和再沸器），进料位置为第 25 块板，塔顶产品与进料摩尔流率比（Distillate to feed fraction）为 0.585 3，如图 5-66 所示。

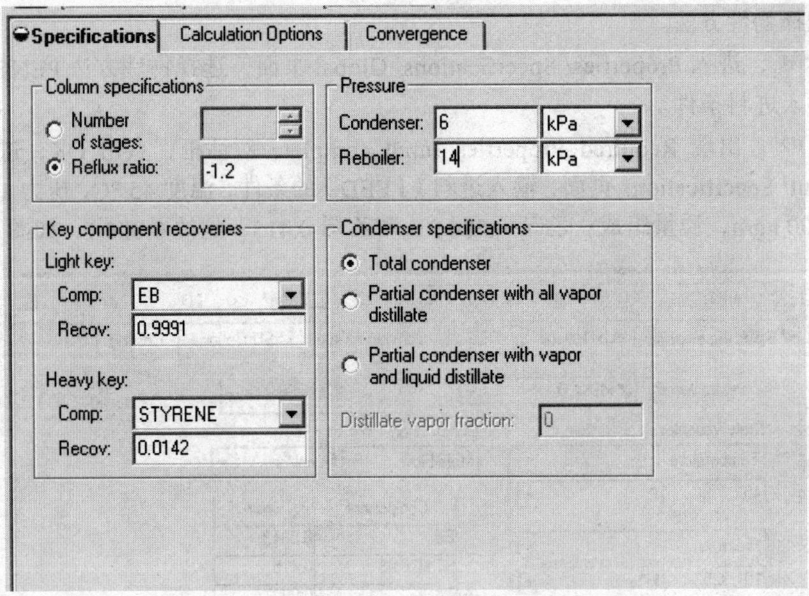

图 5-65　输入模块（DSTWU）参数

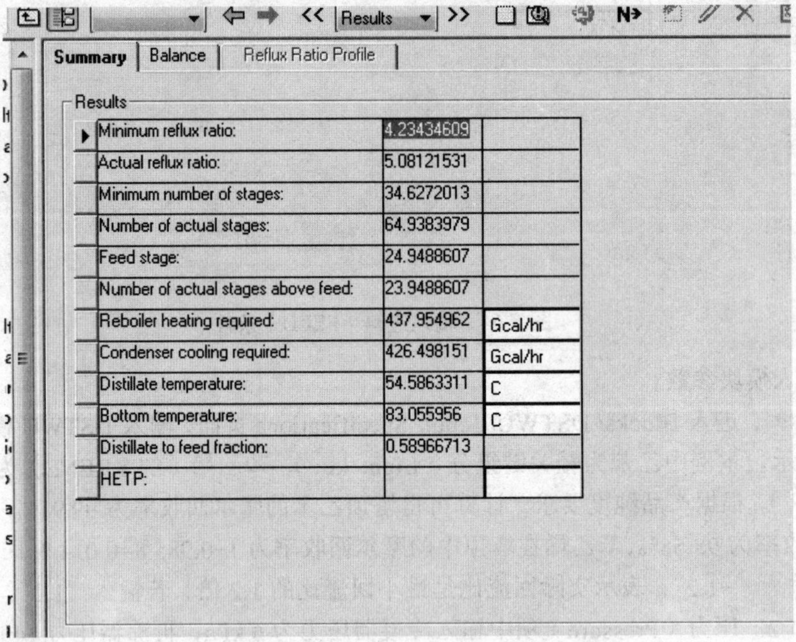

图 5-66　查看模块（DSTWU）结果

⑩ 生成回流比随理论塔板数变化表。

从输入/结果浏览菜单中选择 Input，由左侧数据浏览窗口选择 Blocks/ DSTWU/ Input，在 Calculation Options 页面选中 Generate table of reflux ratio vs number of theoretical stages，输入初始值 36，终止值 85，变化量 1，如图 5-67 所示。

点击 N→，出现 Required Input Complete 对话框，点击确定，运行模拟。点击 ☑，由左侧数据浏览窗口选择 Blocks/ DSTWU /Results，在 reflux ratio Profile 页面可看到回流比

随理论塔板数变化表，如图 5-68 所示。

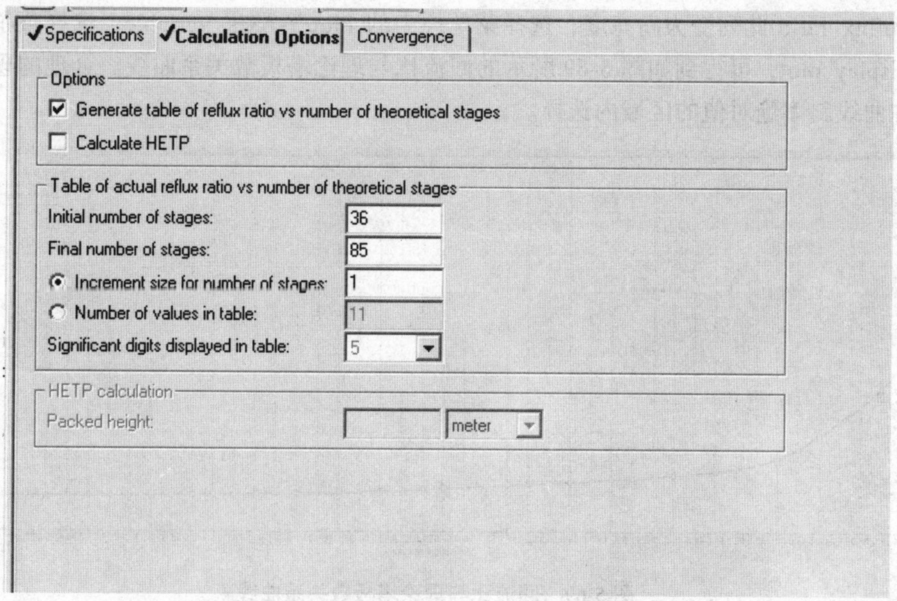

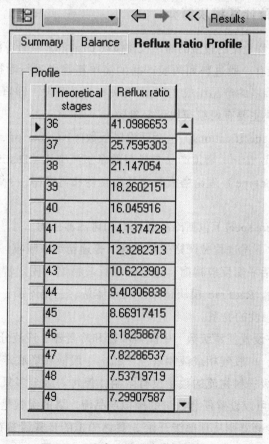

图 5-67　生成回流比随理论数变化表

图 5-68　回流比随理论塔板数变化表

⑪ 作图点击 Theoretical stages，此列变为高亮度，选择菜单栏中的 Plot/X-Axis Variable；点击 reflux ratio 此列变为高亮度，选择菜单栏中的 Plot/Y-Axis Variable；选择菜单栏中的 Plot/Display plot，可得到如图 5-69 所示的回流比与理论塔板数关系曲线。合理的理论塔板数应在曲线斜率绝对值的区域内选择。

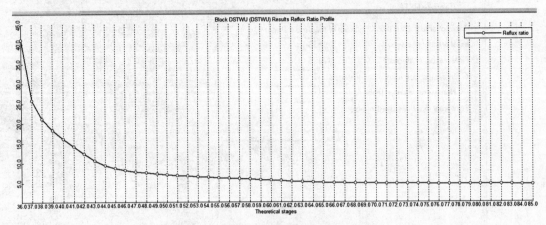

图 5-69　回流比与理论塔板数关系曲线

5.6.3　精馏塔的其他计算模块简介

这里主要对平时工程上用的较多的简洁校核模块 Distl 和严格计算模块 RadFrac 进行介绍。

Distl 模块可对带有一股进料和两股产品的简单精馏塔进行简捷校核计算，此模块用 Edmister 方法计算精馏塔的产品组成。Distl 模块有两个假设，即恒摩尔流假设和恒定的相对挥发度假设。该模块主要有两组模块设定参数：

塔设定（Column specifications）包括理论塔板数（Number of stage）、进料位置（feed stage）、回流比（Reflux ratio）塔顶产品与进料的摩尔流率比（Distillate to feed mole ratio）、冷凝器形式（Condenser type）。理论塔板数包括冷凝器和再沸器，冷凝器形式可以是全凝器，也可以是分凝器。

压力设定（Pressure speci）包括冷凝器压力和再沸器压力。

RadFrac 模块可对下述过程做严格模拟计算：普通精馏、吸收、汽提、萃取精馏、共沸精馏和反应精馏（包括平衡反应精馏、速率控制反应精馏、固定转化率反应精馏和电解质反应精馏）、三相精馏。RadFrac 模块适用于两相体系、三相体系、窄沸点和宽沸点物系以及液相表现为强非理想性的物系。

RadFrac 模块允许设置任意级数、中间再沸器和冷凝器、液液分相器、中段循环。该模块要求至少一股进料，一股气相或液相塔顶产品，一股液相塔底产品。同时，该模块允许塔顶出一股水，每一级进料物流的数量没有限制，但每一级至多只能有三股侧线产品（一股气相，两股液相），可以设置任意数量的虚拟产品流。塔的级数是由冷凝器开始从上向下进行编号（如果没有冷凝器则从顶部级开始）。具体模拟的步骤请参看专业的流程模拟书籍。

5.7 工业流程模拟

化工工艺装置除了包含主要设备外，还包含真实的管道、阀门、管件、仪表、采样、放净、排空、连通等设施。除了主生产流程还包含开车、停车、事故时的备用设备与管线。所以，反映真实化工流程的管道及仪表流程图（Piping and Instrument Diagram，PID 图）看上去密密麻麻，繁复异常。

实际的工艺流程图是表示过程单元的图表和进出单元的物料流线条的集合，强调的是化工过程中的物料流和能量流。模拟过程图是描述模拟过程单元和流股信息的计算机程序模拟单元的集合，强调的是信息流。

用化工流程模拟软件模拟一真实化工流程，有可能在 PID 图完成之前，也可能在 PID 图完成之后。在化工设计之初，常用 Aspen Plus 软件进行化工流程的物料衡算与能量衡算，由此产生工艺物料流程图（Process Flowsheet Diagram，PID 图），进而生产 PID 图，这是设计型模拟计算。

在对一现实化工流程进行核算时，则是在 PID 图完成之后，模拟人员要从 PID 图抽象出模拟流程，要把实际的工艺流程图转换为模拟软件中的模拟流程图，这是核算型模拟计算。

设计型模拟计算和核算型模拟计算，二者是有一定区别的。如实际工艺流程图中的贮罐，在进行稳态模拟计算时可以不做考虑。而且，实际流程图中的一些设备往往需要进行分解或组合建模，即流程图上的一个单元设备有时需要用一个以上的软件单元模块来模拟，也有时却可以用一个软件单元模块来模拟一个以上的实际流程图中的单元设备。例如，可以用软件单元模块换热器和汽液分离器来模拟实际工艺中有不凝气存在的换热器。可以用软件单元模块换热器、汽液分离器和分配器来模拟实际工艺中的蒸发器。Aspen Plus 提供了一套完整的单元操作模型，用于从单个操作单元到整个工艺流程的模拟。

不管是设计型模拟计算，或核算型模拟计算，模拟人员首要任务是充分理解基本工艺路线，明确本流程的主干与枝干，选择软件合适的模块或模块组合构成流程，以反映流程的需求。

对于设计型模拟计算，其计算结果对工艺流程的设计有重要影响。因此，模拟人员要根据工艺流程的设计原则，从技术、经济、社会、安全和环保等多个方面进行综合考虑，确定模拟计算的流程。

对于核算型模拟计算，流程是正确的，模拟人员要仔细阅读流程图，理解原设计思路，搞清楚原流程中各设备的功能，删繁就简，抽象出模拟流程。

案例 75 kt/h 丙烯腈工艺废水四效蒸发浓缩过程

丙烯腈生产装置的工艺废水主要来自于两段急冷塔和脱氰组分塔的废水。在一段急冷塔，用水洗去反应气中的聚合物和催化剂粉尘。该段污水经催化剂沉降后，产生高浓度含氰废水。该废水含有丙烯腈、乙腈、氢氰酸、丙烯醛、乙醛、丙腈及大量聚合物等。二段急冷废水中含有 20%左右的硫酸铵，另外含有同一段急冷废水相近的污染物，只是污染物浓度低。丙烯腈生产废水属于公认的难降解高浓度有机废水，其中丙烯腈属于我国确定的58 种优先控制和美国 EPA 规定的 114 中优先控制的有毒化学品之一。随着各国对于工业废水排放要求的不断提高，丙烯腈废水的达标排放已经成为制约丙烯腈生产企业发展的重要因素。目前，丙烯腈装置三废处理是根据污染物不同形态，采取高处排放、焚烧、四效蒸发、掩埋等措施进行处理。

目前，大型丙烯腈生产装置都采用四效蒸发方法处理废水，不仅提浓了原料液，使其满足后续工序的要求，而且节省了大量的水资源和一定量的蒸汽，对系统的节能减排具有实际意义。丙烯腈废水经四效蒸发预处理后，废水量大大减少，焚烧单元负荷操作相对简单。四效蒸发方法减少了蒸汽用量，做到了节能减排，在丙烯腈工业废水处理中应用广泛。

75 kt/h 丙烯腈工艺废水四效蒸发流程模拟。

（1）工业流程。

某 260 kt/a 丙烯腈生产装置产生的废水温度 113 ℃，压力 600 kPa，流率 75 148.1 kg/h，其中含有丙烯腈聚合物（以 $C_6H_8N_2O$ 计算）816 kg/h。丙烯腈装置的运行需要大量的水，为了节约新鲜水，并减少污水处理系统的负荷，必须大大浓缩工艺污水。采用四效蒸发器系统可回收大部分工艺水，只有少部分废水送至焚烧炉或生化处理系统。

丙烯腈装置四效蒸发器系统采用并流加料法。工艺污水（物流号 70）进入第一效蒸发器（V-5001），蒸发所需热量由加热器（E-5001）提供。液体被泵强制加热后部分蒸发，在汽液分离器中分相后一部分液体被送到第二效蒸发器，一部分液体被泵强制循环入加热器的进口进行加热闪蒸。第一效蒸发器的热源是 0.37 MPa 的饱和蒸汽，来自蒸汽管网。

第二效蒸发器进料（物流号 72）是一效蒸发器来的未蒸发的残液，液量由一效蒸发器液位调节器控制，蒸发所需热量由一效蒸发器顶部蒸汽（物流号 71）提供。进入第二效蒸发器的液体继续进行循环加热、闪蒸汽化、汽液分离、液液分配的过程。

第三效蒸发器进料（物流号 74）是二效蒸发器未蒸发的残液，进料量由二效蒸发器液位调节器控制，蒸发所需热量由二效蒸发器顶部蒸汽（物流号 73）提供。

第四效蒸发器进料（物流号 76）是三效蒸发器未蒸发的残液，进料量由三效蒸发器液位调节器控制，蒸发所需热量由二效蒸发器顶部蒸汽（物流号 75）提供，蒸发残液（物流号 84）送焚烧炉处理。

第四蒸发器顶部蒸汽依次通过两个串联的冷凝器（E-5005、E-5006）冷凝器冷却，约90%的蒸汽在冷凝器 E-5005 中冷凝，不凝气相由真空泵抽至火炬总管。四效蒸发器的操作压力由第四效蒸发器顶部的压力控制器调节真空泵出口气体返回入口的量来控制。

冷凝器 E-5005 用循环冷却水（CWS，进口 33 ℃，400 kPa，出口 43 ℃）作为冷凝冷却介质。冷凝器 E-5006 用循环冷冻水（RWS，进口 0 ℃，400 kPa，出口 10 ℃）作为冷凝冷却介质。

第一、二、三、四效蒸发器的二次蒸汽冷凝液汇总后（物流号 80）在换热器 E-5007 内与汽提塔（T-5001）的一股釜液（物流号 83）换热升温，然后送入汽提塔进行汽提处理，以脱去冷凝液中残存的轻组分。汽提塔有 30 块实际塔板，塔顶操作压力 0.08 MPa，塔釜再沸器用 0.37 MPa 的饱和蒸汽加热。约占进料 15.3%质量分数的液体从塔顶被汽提蒸出，这股含轻组分的气相（物流号 85）入回收塔 T-3001 塔（下一单元）冷凝回收。汽提后的釜液分成两部分，55%（质量分数）釜液（物流号 83）被进塔冷凝液换热回收热量后送回丙烯腈装置循环利用，45%（质量分数）的釜液（物流号 82）用循环冷却水（进口 33 ℃，400 kPa）冷却至 50 ℃后送至生化系统进一步处理。

四效蒸发器的工艺设计数据详见例 5-9 附表 5-18。

附表 5-18　四效蒸发器的工艺设计数据

参数	1 效	2 效	3 效	4 效
p/MPa	0.105	0.046	0.072（A）	0.02（A）
t/ ℃	121.5	111.0	90.4	59.8
浓缩液中聚合物质量分数/%	1.3	1.7	2.7	5.9
加热器热负荷/MW	9.10	8.33	9.12	10.23

（2）分离要求。

要求通过四效蒸发流程把废水中的水分蒸发出 83%，冷凝后的净化水作为工艺循环水使用，使浓缩液中的丙烯腈聚合物质量浓度达到 5.9%以上。多效蒸发器的最终压力不低于 20 kPa，求四效蒸发流程的直接蒸汽消耗量。

解　（1）绘制模拟计算流程图　用汽液闪蒸器、换热器、分配器三个模块组合构成一台强制外循环蒸发器，模拟计算流程图，如图 5-70 所示。

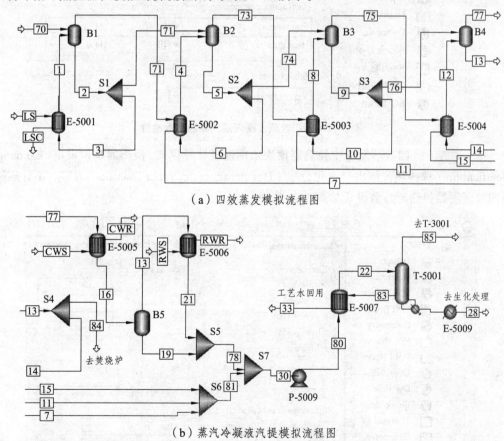

（a）四效蒸发模拟流程图

（b）蒸汽冷凝液汽提模拟流程图

图 5-70　四效蒸发系统模拟流程图

图 5-70（a）所示为四效蒸发模拟流程：

图 5-70（b）所示为蒸汽冷凝液汽提模拟流程，两图合起来构成完整的四效蒸发系统模拟流程。

（3）模拟软件全局性参数设置。

计算类型选择"Flowsheet"，选择计量单位制，设置输出格式。单击"Next"按钮，进入组分输入窗口，在"Component ID"中输入组分水与丙烯腈聚合物 $C_6H_8N_2O$，物性方法选择 UNIFAC 方程的物性集。

把题目给定的进料物流信息填入对应栏目中，蒸汽消耗量暂时填入 10 000 kg/h，然后使用"Design Specifications"功能调整蒸汽的用量，以控制浓缩液中的丙烯腈聚合物质量浓度不低于 5.9%。

（4）模块参数设置。

各个模块参数的设置可参考例 5-9 附表 5-18 的四效蒸发器工艺设计数据。

第一、二、三、四效蒸发器中汽液闪蒸器模块的热负荷均设置为零，各闪蒸压力按例 5-9 附表 5-18 的设计数据设置，第四效蒸发器汽液闪蒸器参数设置如图 5-71 所示。

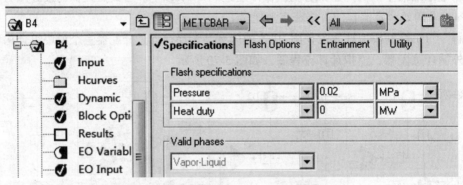

图 5-71　第四效蒸发器汽液闪蒸器参数设置

第一、二、三、四效蒸发器中换热器模块采用简捷计算模式，换热器模拟设定（Exchanger specification）选择热流体出口汽化分率（Hot stream outlet vapor fraction）为零，不计压降，第四效蒸发器换热器参数设置如图 5-72 所示。

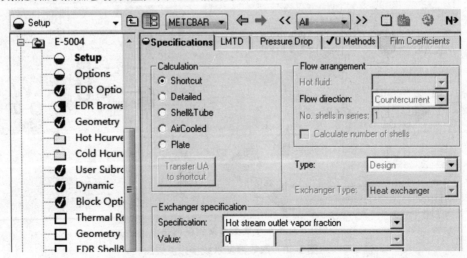

图 5-72　第四效蒸发器换热器参数设置

第一、二、三、四效蒸发器中分配器设定分流出浓缩液体的分配比分别为 0.78、0.74、0.64、0.42，第四效蒸发器分配器参数设置如图 5-73 所示。

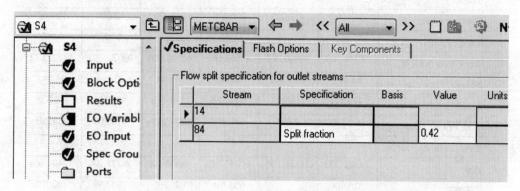

图 5-73　第四效蒸发器分配器参数设置

汽提塔（T-5001）采用 RadFrac 模块，假设汽提塔板效率 0.6，取理论塔板数 18 块，从第一块塔板上进料，设置塔顶操作压力 0.08 MPa，塔板压降 0.7 kPa，根据题目给定的汽提塔蒸出率，设置塔釜液体流率 2356 kg/h，汽提塔参数设置如图 5-74 所示。

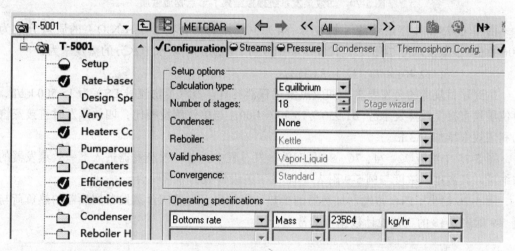

图 5-74　汽提塔参数设置

使用"Design Specification"功能，通过调整第一效蒸发器直接蒸汽加入量控制第四效蒸发器浓缩液的浓度，达到题目规定的蒸发要求。

使用"Design Specification"功能，调整进入冷凝器 E-5005 循环冷却水的流率，使循环冷却水的温升为 10 ℃。

使用"Design Specification"功能，调整进入冷凝器 E-5006 循环冷冻水的流率，是循环冷冻水的温升为 10 ℃。

（4）工艺模拟结果。

至此，图 5-70 所示四效蒸发系统各计算模块的参数设置完毕，可以运行，结果见图 5-75、图 5-76。

	70	LS	72	74	76	84
Temperature C	113.0	149.5	121.3	110.9	90.8	60.2
Pressure kPa	600.000	470.000	206.325	147.325	72.000	20.000
Vapor Frac	0	1.000	0.000	0.000	0.000	0.000
Mass Flow kg / hr	75148.100	15500.000	61556.561	46909.360	30572.053	13192.072
Volume Flow cum / hr	83.431	6157.627	69.092	51.961	33.259	14.045
Enthalpy Gcal / hr	-275.117	-48.967	-224.305	-170.413	-110.951	-46.638
Density kg / cum	900.723	2.517	890.937	900.863	919.208	939.293
Mass Flow kg / hr						
H2O	74332.100	15500.000	60747.780	46008.100	29777.200	12401.369
C6H8N2O	816.000		808.781	801.260	794.853	790.703
Mass Frac						
H2O	0.989	1.000	0.987	0.983	0.974	0.940
C6H8N2O	0.011		0.013	0.017	0.026	

图 5-70 四效蒸发系统模拟结果 1-节点物流性质

由图 5-75，最终浓缩液（物流号 84）中丙烯腈聚合物（$C_6H_8N_2O$）的质量分数为 0.06>0.059，蒸发水分 74 332.1-12 401.4=61 930.7（kg/h），废水中水分的蒸发率为：

1-12 401.4/74 332.1=83.31%

达到题目规定的蒸发要求，四效蒸发过程消耗直接蒸汽（物流号 LS）为 15 500 kg/h，单位质量直接蒸汽蒸发水分 61 930.7/15 500=4.00。与单效蒸发相比，四效蒸发时直接蒸汽的利用效率增加了 3 倍。

图 5-75 中物流 72、74、76、84 是四效蒸发过程中由上一效蒸发器进入下一效蒸发器的浓缩液，其温度、浓度与例 5-9 附表 5-18 的工艺设计数据非常吻合。

图 5-76 给出了四台蒸发器加热器的换热计算结果，可见四台蒸发器加热器的热负荷与例 5-9 附表 5-18 的工艺设计数据也非常吻合。

项目　蒸发器		第一效蒸发器		第二效蒸发器		第三效蒸发器		第四效蒸发器
Hot stream	LS	149.516926℃ 470kPa	71	121.317468℃ 206.325kPa	73	110.934166℃ 147.325kPa	75	90.8022045℃ 72kPa
	LSC	148.915319℃ 462.441026kPa	7	121.20662℃ 206.325kPa	11	110.823053℃ 147.325kPa	15	90.694032℃ 72kPa
Cold stream	3	121.317468℃ 206.325kPa	6	110.934166℃ 147.325kPa	10	90.8022045℃ 72kPa	14	60.2234455℃ 20kPa
	1	121.522518℃ 20612411kPa	4	111.63374℃ 147.325kPa	8	91.0800996℃ 72kPa	12	59.7815991℃ 20kPa
Heat duty		9.11454548MW		8.36538523MW		9.17625012MW		10.30395MW

图 5-76 四台蒸发器加热器的换热计算结果

习 题

1. 某化工系统流程如下图所示，物流经冷凝器 COOLER 进入两相闪蒸箱 FLASH1，底部液相经节流阀 VALVE 节流至 0.6 MPa 后再进入两相闪蒸器 FLASH2。进料温度为-100 ℃，压力为 1.2 MPa，流率为 100 kmol/h，摩尔组成为氢气 0.01，甲烷 0.68，乙烷 0.31。物性方法选择 RK-SOAVE。

两相闪蒸器 FLASH1（选择 Flash2 模块）操作温度为-110 ℃，压降为 0；两相闪蒸器 FLASH2（选择 Flash2 模块）操作温度为-125 ℃，压降为 0；冷凝器 COOLER（选择 Heater 模块）热负荷为-14 kW，压降为 0.02 MPa。要求完成此流程图模拟并查看各物流结果。

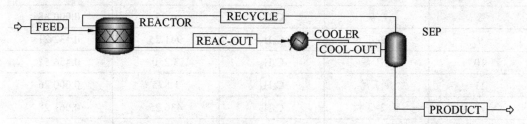

2. 醚后混合 C_4 烃分离 1-丁烯全流程模拟。

1-丁烯是一种重要的有机合成原料，主要用于生产共聚塑料、聚丁烯等合成树脂，也可用来合成丁二烯、正丁醇、仲丁醇等。国内外 1-丁烯的分离技术主要分为两大类，即萃取精馏工艺和超精密精馏工艺，如德国 Kruup Uhde 公司的吗啉和 N-甲基吗啉萃取精馏法、日本瑞翁公司（Zeon）DMF 萃取精馏法、日本石油化学公司的超精密精馏法等，两种工艺在能耗和物耗上差别较大。萃取精馏工艺能耗低，但该工艺主要用在 1-丁烯制甲乙酮装置，其产品纯度低，杂志含量高，如要得到聚合级 1-丁烯还需要做进一步的处理。超精密精馏工艺虽然能耗高，但产品纯度高，生产聚合级的 1-丁烯产品流程简单。目前国内利用混合碳四分离制取 1-丁烯的工业化方法是超精密精馏法。该方法虽然分离难度大，但流程简单，易于组织；没有复杂设备，生产周期长；如于 MTBE 装置联合并保证醚后碳四烃中异丁烯含量小于 0.2%，可以使装置流程最短，投资最低。

（1）生产方法。

由甲基叔丁基醚装置分离出的醚后混合 C_4 为原料经精密精馏制取 1-丁烯。生产原理是利用 C_4 各组分的相对挥发度及沸点的不同，用超精密精馏的方法精致 1-丁烯。从第一精馏塔塔顶脱出 C_3、异丁烷等轻组分以及微量的水，从第二精馏塔的塔釜脱除顺反 2-丁烯和正丁烷等重组分，从而在第二精馏塔的塔顶得到高纯度的 1-丁烯产品，塔底得到 2-丁烯产品。

（2）装置规模。

进入装置醚后 C_4 烃物料组成参见本题附表 1。

附表 1　入装置醚后 C_4 烃物料流率

序号	组分	分子式	混合 C_4	
			流率/（kg/h）	质量分数
1	水	H_2O	1.9	0.000 27
2	丙烷	C_3H_8	0.625	0.000 087 8

序号	组分	分子式	混合 C_4	
			流率/（kg/h）	质量分数
3	丙烯	C_3H_6	1.875	0.000 26
4	环丙烷	C_3H_6	1.125	0.000 16
5	丙二烯	C_3H_4	2.125	0.000 30
6	异丁烷	C_4H_{10}	475	0.066 72
7	正丁烷	C_4H_{10}	2 000	0.280 93
8	乙炔	C_2H_2	6.25	0.000 88
9	反-2-丁烯	C_4H_8	941.25	0.132 21
10	1-丁烯	C_4H_8	3 250	0.456 51
11	异丁烯	C_4H_8	1.875	0.000 26
12	顺-2-丁烯	C_4H_8	436.25	0.061 28
13	丙炔	C_3H_4	0.375	0.000 052 7
14	1-3-丁二烯	C_4H_6	0.625	0.000 087 8
15	氢气	H_2	0	0
16	合计		7 119.275	1.000 00

（3）流程叙述。

工艺流程简图见本题附图。

原料醚后 C_4 进入加氢 C_4 缓冲罐 V0101，由醚后 C_4 输送泵 P0101A/B 将送至预热器 E0101 进行预热，预热后与氢气分别进入静态混合器 V0102，经混合后从底部进入加氢反应器 R0101，在催化剂的作用下进行加氢反应。1,3-丁二烯与氢气在选择加氢催化剂的作用下发生加氢反应，生成 1-丁烯和 2-丁烯，从而使醚后 C_4 中的 1,3-丁二烯含量下降到 90 ppm 以下。

加氢反应过程中发生的主要反应：

$$H_2C=C=CH_2+H_2 \longrightarrow H_2C=CH-CH_3$$
$$C_2H_2+H_2 \longrightarrow H_2C=CH_2$$
$$C_3H_4+H_2 \longrightarrow C_3H_6$$
$$C_4H_6+H_2 \longrightarrow C_4H_8$$

经加氢后的醚后 C_4 进入第一精馏塔上段（T0201A）进行精馏，进料中的水与少量的 C_4 等形成低沸点共沸物，经第一精馏塔冷凝器（E0102A/B）冷凝后进入第一精馏塔回流罐（V0103），经第一精馏塔回流泵（P0202A/B）加压后，一部分作为回流液，回到第一精馏塔上段（T0201A），另一部分作为剩余的 C_3/C_4 液体采出去备罐区。不凝气排往火炬系统。T0201A 塔顶压力为 0.74 MPa，温度为 45.6 ℃。

第一精馏塔上段（T0201A）塔釜液由第一精馏塔中间泵（P0201A/B）送入第一精馏塔下段（T0201B）的顶部，第一精馏塔下段（T0201B）的塔顶气相物料从第一精馏塔上段

（T0201A）底部进入，继续精馏，第一精馏塔下段（T0201B）塔釜较重组分由第一精馏塔釜出料泵（P0203A/B）送往第二精馏塔（T0202B）。

从第一精馏塔下段（T0201B）釜来的1-丁烯的C_4物料进入第二精馏塔下段（T0202B），第二精馏塔的主要目的是把进料中的重组分脱除出去，第二精馏塔下段（T0202B）釜液送往2-丁烯车间。

第二精馏塔上段（T0202A）塔釜液由第二精馏塔中间泵（P0205A/B）送往第二精馏塔的底部进入，继续精馏。从T0202A顶部出来的1-丁烯，经第二精馏塔冷凝器E0204A/B冷凝后去第二精馏塔回流罐（V0104），经第二精馏塔回流泵P0206A/B加压后一部分作为回流液回到第二精馏塔上段T0202A，另一部分作为1-丁烯产品送往1-丁烯产品罐V0105。第二精馏塔上段T0202A塔顶温度为50.5 ℃，压力为0.55 MPa。

精馏塔加热蒸汽为0.45 MPa的饱和蒸汽，循环冷却水33～43 ℃。

（4）分离要求。

产品纯度：1-丁烯质量分数＞0.993，异丁烯+2-丁烯质量分数＜0.004，1-3-丁二烯+丙二烯＜120 mL/m^3，H_2O＜120 mg/kg；1-丁烯回收率＞0.95。

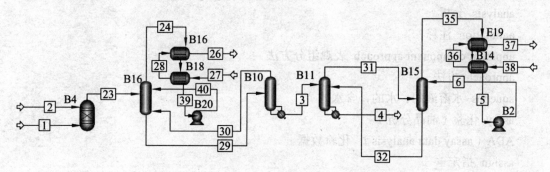

习题2附图　醚后混合C_4烃分离异丁烯模拟流程图

求：塔釜再沸器加热蒸汽消耗量、塔顶冷凝器循环冷却水用量、精馏塔塔径、再沸器与冷凝器规格。

Aspen Plus 常用词汇中英文对照表

A

adiabatic 绝热的

adsorption 吸附

aircooler 空冷器

algorithm 算法

alias 又名，别名

align 使……排成直线

ambient temperature 环境温度

analysis 分析

annotation 注释

apparent component approach 表观组分方法

approach 方法

aqueous 水溶液的，水的，含水的

assay 化验（油品分析）

ADA（assay data analysis） 化验数据

assign 指定

atm 压力单位，1atm 为一个标准大气压

attach 连接

attr-comps 组分属性

attr-scaling 属标量

available 可用的

azeotropic 共沸的

B

backup （降液管内的清层液）高度

baffles 挡板

balance 平衡模板，平衡

bar 压力单位，巴

base components 基准组分

base method 基本方法（包含了常见物性方法）

batch 批量处理，一批

BatchFrac 间歇精馏

binary interaction 二元交互作用

blank simulation 空白模拟

blend （油品）混合

block 模块

Block-Var 模块变量

boilup ratio 再沸器

bottoms rate 塔底产品流率

bottoms to feed ratio 塔底产品流率与进料流率比

brake power 轴功率

Broyden 布洛伊顿拟牛顿法

built-in 内置

bundle 管束

C

calculator 计算器

capacity 通量

capacity factor 通量负荷因子

cascade 层叠

case study 工况分析

category 类别，种类

chemical equilibrium 化学平衡

Chem-Var 化学变量

calss 分类

clear 清楚

clearance 间隙

co-current 并流

coefficient 系数

column 塔

CGCCs（column grand composite curves） 塔的总组合曲线

column specifications 塔设定

Compattr-Var 组分变量

component 组分

composition 组成

Compr 压缩机或涡轮机模块

comps-groups 组分分组

conceptual design 概念设计

condenser 冷凝器

condenser specification 冷凝器设定

configuration 配置

constant 恒定的

constraint 约束，约束的

control panel 控制面板

Conv（convergence） 收敛

conventional 常规的

coolant 冷却剂

coordinate 坐标

cost 成本

countercurrent 逆流

criteria 判据

cryogenic 深冷体系，低温环境

current 当前的

curve 曲线

custom 用户自定义

D

damping level 阻尼水平

data browser 数据浏览窗口

datd fit 数据拟合

data regression 数据回归

decanter 液-液分相器

defined 定义的

default 默认

de-lump 分解

design spec 设计规定

destination 目标位置

detailed 详细的

diagnostics 诊断页面

direct 直接迭代法

discharge pressure 出口压力

display plot 显示所做的图

dist curve 蒸馏曲线

distillate rate 塔顶产品流率

distillate to feed ratio 塔顶产品流率与进料流率比

Distl 使用 Edmister 方法的多组分精馏的简捷校核模块

down time 辅助操作时间

downcomer 降液管

DSTWU 使用 Winn-Underwood-Gilliland 方法的多组分精馏的简捷设计模块

Dupl 物流复制器

E

efficiency 效率

elbow 肘管

Elec Wizard 电解质向导

electrolyte 电解质

elevation 高度

energy balance 能量平衡

entrainment 夹带

EO（equation oriented） 联立方程法

equilibrium constant 平衡常数

error tolerance 收敛容差

estimation 估算

exchange 交换

exchanger orientation 换热器方位

export 输出

expression 表达式

Extract 液-液萃取严格计算模块

F

feed basis 进料基准

feed stage 进料位置

film coefficients 膜层传热系数

find 根据用户提供的信息查找到所要的物质

flanged welded 法兰连接或焊接

flash 闪蒸

Flash2 两相闪蒸器

Flash3 三相闪蒸器

flooding factor 液泛因子

flooding limit 液泛限

flow 流率

flow arrangement 流动方式

flow basis 流动基准

flowsheet 流程

flowsheet section 流程段

flowsheeting options 流程模拟选项

fluid 流体

format 格式化（磁盘），格式

formula 分子式

fouling 污垢

fractional overflash 过汽化度

FSplit 分流器

G

gate valves 闸阀

general with metric units 使用公制单位的普通模板

Generic 通用

Gibbs-Duhem 吉布斯-杜亥姆方程

global 全局的

global data 全局（公用）数据

H

head 扬程

heat 热

heat duty 热负荷

heat exchanger 换热器

heat transfer coefficient 传热系数

heater 加热器或冷凝器

HeatX 两股物流换热器

heavy key 重关键组分

Henry comps 亨利组分

hide 隐藏

hydraulic analysis 水力学分析

I

icon 图标

inert 惰性的

inlet 进口

inorganic 无机物

input 输入

input summary 输入梗概

insert 嵌入，插入

inside shell diameter 壳内径

isentropic 等熵模型

iteration 迭代

J

jet flooding 喷射液泛

K

kettle 釜式再沸器

key component recoveries 关键组分回收率

key components 关键组分

L

labal 标签

library 库

light ends 轻端分析数据

light key 轻关键组分

link 链接

list 列表

local 局部的

lock 锁定，锁住

loop-return 环回

lower bound 下限

lump 结合

M

manager 管理

manipulated variable 操纵变量

manipulators 调节器

manufacturer 厂家

mapping 映射

mass balance 质量平衡

Mass-Conc 质量浓度

Mass-Flow 质量流率

Mass-Frac 质量分率

Mass-RR 质量回流比

material 物质，物料

material streams 流股物料表

maximum 最大的

mbar 压力单位，毫巴

MCompr 多级压缩机或涡轮机模块

measurement 测量

method 方法

MHeatX 多股物流换热器

miscellaneous L/D 其余当量长度

mixed mode 联立模块法

mixer 混合器

mmHg 毫米汞柱

mmwater 毫米水柱

model 模型，模拟

model analysis tool 模型分析工具

model library 模型库

moisture comps 湿气组分

molarity 以摩尔为基准

molecular 分子的

molecular structure 分子结构

Mole-Conc 摩尔浓度

Mole-Flow 摩尔流率

Mole-Frac 摩尔分率

Mole-RR 摩尔回流比

move 移动

Mult 物流倍增器

MultiFrac 严格法多塔蒸馏模块

multiple passes 多管程流动

multiplication factor 缩放因子

Murphree efficiencies 默弗里效率

N

nesting 嵌套

Newton 牛顿法

next 下一步

No.of tube passes 管程数

node 节点

nominal 公称尺寸

nonidel 非理想算法

normal 常规的

NBP（normal boiling point） 标准沸点

nozzle 管嘴

number of sealing strip pairs 密封条数

number of shells in parallel 并联壳程数

number of shells in series 串联壳程数

number of stages 塔板数

O

object manager 对象管理器

object type 对象类型

objective function 目标函数

opening 阀门开度

optimization 优化，最优化

option 选项

outlet 出口

overall range 灵敏度分析时变量变化范围

P

Pa 国际标准压力单位，帕

Package 包

packed height 填料高度

page break preview 分页预览

page setup 页面设置

panel 面板

parameter 参数

parametric variable 参数变量

partial condenser 部分冷凝器

PCES（property constant estimation system） 物性常数估算系统

Performance curve 特性曲线

Petchem 聚酯化合物

Petro characterization 石油馏分表征

petroFrac 石油炼制分馏模块

petroleum 石油

phase equilibrium 相平衡

physical properties 物理性质，物性

piecewise integration 分片积分

pipe 单管段

pipeline 多段管线

plot 绘图，图表

plot type 绘图类型

point 指向

polymer 聚合物

positive displacement 正排量模型

power 功率

pres relief 压力释放（安全排放）

pressure 压力

pressure changers 压力转换模块

pressure drop 压降

pressure profile 压力分布

process 过程

process type 过程类型

product 产品

profile 分布

property 物质，物性

property sets 物性集

pseudocomponent 虚拟组分

psi 英制压力单位，磅/平方英寸

psig 英制压力单位，磅/平方英寸（表压）

pump 泵或水轮机

pumparounds 中段循环

pure 纯的

purity 纯度

Q

Qcond 冷凝器热负荷

Qreb 再沸器热负荷

qualifiers 对所选的物性进行限定

R

RadFrac 单个塔的两相或三相严格计算模块

range 范围

RateFrac 非平衡级速率模块

rating 校核

ratio 比率

RBatch 间歇式反应器

RCSTR 全混釜反应器

reaction 反应

reaction sets 反应器集

reactor 反应器

React-Var 反应变量

reboiler duty 再沸器负荷

reboiler 再沸器

reconcile 重新赋予初值，使其与结果吻合

reconnect 重新连接

recover 恢复

recovery 回收

RecovH 重关键组分回收率

RecovL 轻关键组分回收率

reference condition 参考条件

reference reactant 参考的反应物

refinery 炼油厂

reflux rate 回流量

reflux ratio 回流比

regression （物性数据）回归

reinitialize 初始化

relief 释放

reorderri 重新，排序

REquil 平衡反应器

residence tim 停留时间

residual 残差

result summary 结果梗概

retrieve 重新得到（调用）

retrieve parameter results 结果参数检索

RGibbs 吉布斯反应器

ROC-NO 辛烷值曲线

rod baffle 杆式挡板

roughness 粗糙度

route 路径

RPlug 平推流反应器

RR 回流比

RStoic 化学计量反应器

run 运行

run control panel 打开控制面板

run status 运行状态

run type 运行类型

RYield 产率反应器

S

SCFrac 简捷法多塔蒸馏模块

screwed 螺纹连接

script 脚本

secant 割线法

section 部分，段，流程分段

segment data 管段数据

segment geometry 管段几何结构

segmental baffle 圆缺挡板

select 选择

sensitivity 灵敏度，灵敏度分析

Sep 组分分离器

Sep2 两出口组分分离器

separation 分离

separator 分离器

sequencing 序列

sequential modular 序贯模块法

series 系列

sharp splits 清晰分割

shell 壳（程）

shell side 壳程

shortcut 简捷计算

simulation 模拟

size 尺寸

sloppy splits 非清晰分割

solids 固体操作设备

solubility 溶解度

solvent 溶剂

solver 求解器

spec（specification） 规定

species 物质种类

specific gravity 比重

specification 详细说明，输入规定，设定，规定

specification type 设定类型

specify 指定

split fraction 产品分率

SQP（successive quadratic programming） 序列二次规划算法

stage （理论）级，（理论）板

standard 默认值，标准算法，标准

state variables 状态变量

status bar 状态栏

Stdvol-Flow 标准体积流量

Stdvol-Frac 标准体积分率

Stdvol-RR 标准液体体积回流比

step size 步长

stoichiometry 化学计量方程

stream 流股，物流，各个输入/输出的物流组分的流股

stream library 物流库

Stream-Var 物流变量

structure 结构

study 研究

style 规格

subroutime 子程序

substream 子物流

sulfur 硫

summary 汇总

Sum-Rates 流率加和法

support 支持

sync 同步

system foaming factor 物系的发泡因子

T

tabular data 列表数据

target 期望值

tear 撕裂，断裂

tear streams 撕裂物流

temperature 温度

temperature approach 趋近平衡温度

temperature profile 温度分布

template 系统模板

ternary 三重的，三元的

thermal analysis 热力学分析

thermosiphon 热虹吸式再沸器

tile 平铺

tolerance 容差

toluence 甲苯

tool 工具

topic 主题

Torr 真空度单位，托

total condenser 全凝器

total cycle time 一个操作周期

trace 跟踪组分阈值

tray spacing 板间距

troubleshooting 故障诊断

TBP（true boiling point） 实沸点

True component approach 真实组分方法

tube 管子

tube fins 管翅

tube layout 管程布置

tube side 管程

type 类型

U

unit 单位

附录 1 科研论文撰写介绍

1.1 科研论文简介

科研论文（Scientific Paper）是作者对所从事的研究进行的集假设、数据和结论为一体的概括性论述，是科学研究工作的重要内容。撰写论文的目的是和同行进行交流，介绍作者的研究工作，促进科学技术进步，获得同行专家的意见并改进工作。该过程还是对研究工作的整理、总结和精炼的过程，有助于作者系统地思考、调整和完善研究思路。科研论文的写作是科研工作者必备的基本技能，编写化工论文也是每一个化工专业学生必须具备的能力。

科研论文是由作者对自己的科研成果经过理论分析，实验验证以及科学总结而成。其与一般的文章不同，更加强调科学性、创造性、逻辑性、有效性和学术性等特点。一篇科研论文必须完整的回答为什么研究（Why）、怎样研究（How）和结果是什么（What）等问题。主要内容包括几点：

（1）背景描述（所述问题的背景）。

（2）假设或问题的描述。

（3）文献综述（该问题研究的现状）。

（4）目前研究的细节（对象、设计、工具、范围等）。

（5）研究所获数据及分析。

（6）结论（应与假设相呼应，得出肯定、否定或部分肯定/否定的结论，并提出建议，指出不足和进一步研究的方向）。

科研论文具有科学性、创造性、逻辑性、有效性和学术性等特点。科学性是指科研论文是以可靠的实验数据和观察现象作为立论文基础，不主观臆断，数据要真实，实验过程应是可以重复、核实和验证的。创造性是科研论文的灵魂，科研论文应有所创新，文中所报道的成果应是前人没有的。逻辑性是指作者根据自己的立论或假说、筛选论证材料并推断出结论，这个过程要求思路清晰、结构严谨、推导合理，不能出现无中生有的结论。有效性是指科研论文应公开发表或在具有一定规格的学术评审会上通过答辩和评议。学术性体现在科研论文对事物进行抽象概括和论证，描述事物本质，具有专业性和系统性，它不同于科技报道、科普论文或实验总结，应使用书面语言并论述精练。

科研论文其写作步骤一般包括：

文献检索，研究设计，数据处理，论文写作，论文修改，论文定稿，撰写摘要，关键词和参考文献。

1.2 科研论文的基本结构

科技论文的题材非常丰富，有发明型、分析计算型（仿真分析）、科技报告型、论证型和综述型等。题材和研究内容不同，论文的结构也不尽相同。这里主要介绍学术论文和学位论文的一般结构。

1.2.1 期刊发表的学术论文

期刊发表的学术论文主要用于同行专家介绍作者所取得的科研成果与结论。期刊学术论文的基本结构主要包括以下几部分：

（1）标题。

（2）作者及其单位、联系地址。

（3）摘要与关键词。

（4）前言。

（5）材料与方法。

（6）结果与讨论。

（7）结论。

（8）致谢。

（9）附件。

（10）参考文献。

1.2.2 学位论文

学位论文是本科生和研究生系统介绍从事科研工作取得的创造性成果或新的见解，作为申请授予相应学位时评审用的学术论文。

学位论文包含对科研论文的一般要求，但更加全面系统。应能充分反应作者的理论基础、学术水平、独立工作能力、创新和贡献以及写作水平等。例如，在前言部分，应详细介绍本领域的国内外进展和相关基础理论；在正文中应详细论述研究工作的创新点；此外，还应在结论中对论文工作做出全面精要的总结。

对于硕士和博士论文学位论文，其研究内容可能包括多项相对独立的研究工作，可分章节分别予以介绍。在论文正文中，第一章一般用于介绍研究背景与相关研究领域概况；其他每一章节用于系统介绍作者所从事的相对独立的一部分研究内容，通常包括引言、材料与方法、结果与讨论、结论、参考文献等内容；最后一张为整个论文的结论。

其基本结构主要包括以下几个部分：

（1）封面，权责声明等（包括论文中英文题目、作者、导师、答辩委员会、答辩日期等）。

（2）中英文摘要与关键词。

（3）目录。

（4）前言。

（5）论文正文。

（6）附件。

（7）参考文献。

（8）作者做学位论文期间取得的成果。

（9）致谢。

1.3 科研论文的内容与格式要求

1.3.1 题名/篇名

题名/篇名是科研论文的必要组成部分。它要求用间接恰当的词组反映论文的特定内容，明确无误的把论文的主体告诉读者。题名的用词十分重要，因为它直接关系到读者对论文的取舍态度，务必字字推敲。切忌用冗长的主语、谓语、宾语结构的完整语句逐点描述论文的内容。当然，也要避免过分笼统、缺乏可检索性、无法反映出论文的特色。此外篇名应尽量简短，例如我国大多数期刊要求篇名一般不超过 20 个字，宜少用"研究""应用"之类的词，同时避免使用不常用的简称、缩写、商品名称和公式等。

1.3.2 作者署名

作者署名也是科研论文的必要组成部分。作者是指在论文主体内容的构思、具体研究工作的执行及撰稿执笔等方面的全部或局部做出主要贡献，能够对论文的组要内容负责答辩的人员，是论文的法定主权人和责任者。合著论文的作者应按对论文工作贡献的多少进行排列。对某些不宜按作者身份署名，但对论文有贡献的参与者可以通过文末的致谢的方式对其贡献和劳动表示谢意。科技论文一般均用作者的真实姓名，不用笔名。同时还应给出作者完成科研工作的单位或作者所在的工作单位及通信地址，以便读者在需要时可与作者联系。

1.3.3 摘 要

科研论文的摘要必须简明扼要，用第三人称撰写，说明论文目的、方法、结果和结论，一般不应出现"本文""我们""作者"字眼，也不要有"首先""最后""简单""主要"和"次要"等修饰词。摘要可单独发表，应有独立性和自明性，不得使用论文中的章节号、图号和表号等。摘要第一句不要重复论文篇名或已表述过的信息，不能写常识性内容、过去情况和未来计划，只写最新进展。

1.3.4 关键词

关键词是作者所选择的 4~6 个反映论文特征的内容、通用性比较强的词组。一般来说第一个为论文主要工作或内容，或二级学科；第二个为论文主要成果名称或成果类型名称；第三个为论文采用的科学研究方法名称，综述或评论性论文一般为"综述"或"评论"；第四个为论文的研究对象或物质的名称等。

1.3.5　引　言

引言也称为前言、序言或概述，常作为论文主体的开端，主要回答为什么开展研究，用于介绍论文背景、相关领域研究历史与现状，以及作者的意图等。引言应言简意赅，不应等同于文摘，或称为文摘的注释。论文引言中不应详述同行熟知的，包括教科书上已陈述的基本理论、实验方法和基本方程的推导。在学位论文中，为了反映作者的基础理论研究水平，允许有相对详尽的文献综述。此外，如果在正文中采用比较专业的术语或缩写词时，可以先在引言中定义说明。引言中一般不出现图表。

1.3.6　正　文

正文是论文的核心部分，主要阐述怎么研究和研究结果，通常占论文篇幅的大部分，用来充分阐明论文的观点、原理、方法及达到预期目标的具体过程，反映论文的创新性。根据需要，正文可以分层深入，设分层标题，逐层剖析。具体陈述方式往往因为不同学科、不同论文类型而有很大的差别，不宜统一规定。正文一般由下述几部分内容组成：本文观点、理论或原理分析，实现方法和方案（根据内容而定），数值计算、仿真分析或实验结果（根据内容而定），讨论（主要根据理论分析、仿真或实验结果讨论不同参数的变化机理与规律，理论分析与实验相符的程度以及可能出现的问题等）。试验与观察、数据处理与分析、实验研究结果的得出是正文最重要的组成部分，应予以高度重视。

在撰写正文时应尊重事实，在数据的取舍上不得随意掺入主观成分或妄加猜测，不应忽视偶发性数据和现象。撰写时不要求华丽的辞藻，但要求思路清晰，合乎逻辑，用语简洁准确。正文内容务求客观科学完备，要尽量用事实和数据说话。凡是用简要的文字可以讲解清楚的内容，宜用文字陈述；用文字不容易讲解清楚或比较繁琐的，可用图形和表格来陈述。图形或表格要有自明性，即其本身给出的信息应能够说明欲表达的问题。数据的引用要严谨确切，防止错引或重引，避免用图形和表格重复地反映同一组数据。资料的引用要标明出处。必须使用非规范的单位或符号时应遵照行业习惯。或使用法定计量单位和符号加以注解和换算。

1.3.7　结　论

结论（或讨论）是整篇论文最后的总结。尽管多数科技论文的作者都采用结论的方式作为结束，并通过它传达自己欲向读者表述的主要意向，但它并不是论文的必要组成部分。结论不应该是正文中各段小结的简单重复，而应重点回答研究出什么，以正文为依据，简洁地指出由研究结果所揭示的原理及其普遍性、本文与以前已发表论文的异同、在理论与实践上的意义，本论文尚难以解决的问题以及对进一步研究的建议等。

1.3.8　致　谢

致谢是对论文研究的选题、构思、实验或撰写等方面给以指导、帮助或建议的人员致以谢意的部分。由于论文作者不能太多，所以部分次要参加者可不列入作者，而在文末表示感谢，致谢一般应单独成段，放在论文的最后部分，但它不是论文的必要组成部分。

1.3.9　参考文献

论文中引用他人的论文内容或成果应在参考文献中注明。它是现代科技论文的重要组成部分，是为了反映文稿的科学依据及对他人研究成果的尊重而向读者提供的引用资料的出处。或是为了节约篇幅和叙述方便，提供在论文中提及而没有展开的有关内容的详尽文本。如果撰写论文时未参考他人成果，也可不列参考文献。被列入的参考文献应只限于那些作者亲自阅读过和论文中引用过的正式发表的出版物或其他有关的档案资料。私人通信、内部讲义及未发表的著作一般不宜作为参考文献著录，但可用脚注或文内注的方式说明引用依据。参考文献的著作格式较为复杂，各出版社、编辑部都有严格的格式要求。在（GB 7714—2005）《文后参考文献著录规则》中对参考文献的著录格式有详细的规定。

1.3.10　附　录

附录不是论文的必要组成部分，但可以为想深入了解本书的读者提供参考。附录主要提供论文有关公式的推导、演算以及不宜列入正文的数据和图表等。它在不增加文献正文部分的篇幅和不影响正文主题内容叙述连贯性的前提下，向读者提供论文中部分内容的详尽推导、演算、证明、仪器装备及解释说明，及有关数据、曲线、照片或其他辅助资料（如计算机程序的框图等）。附录与正文一样，需要编入连续页码。

随着计算机应用的普及，很多出版机构都要求作者按照一定的版面或文字格式编辑排版后再打印或提交论文，以简化后续编辑工作。例如不同期刊、杂志或会议论文集对所接受的投稿都会提出明确的格式要求。各高校、科研机构也对本科生、研究生学位论文的格式作出了严格的规定。

1.4　学术道德规范

作为一名化工专业技术人员，在从事科学研究的过程中，应严格遵守中华人民共和国《著作权法》《专利法》、中国科协颁布的《科技工作者科学道德规范（试行）》等国家有关法律、法规、社会公德及学术道德规范，要坚持科学真理、尊重科学规律、崇尚严谨求实的学风，勇于探索创新，恪守职业道德，维护科学诚信。

学术道德规范的基本要求主要有以下几点：

（1）在学术活动中，必须尊重知识产权，充分尊重他人已经获得的研究成果；引用他人成果时如实注明出处；所引用的部分不能构成引用人作品的主要部分或者实质部分；从他人作品转引第三人成果时，如实注明转引出处。

（2）合作研究成果在发表前要经过所有署名人审阅，并签署确认书。所有署名人对研究成果负责，合作研究的主持人对研究成果整体负责。

（3）在对自己或他人的作品进行介绍、评价时，应遵循客观、公正、准确的原则，在充分掌握国内外材料、数据基础上，做出全面分析、评价和论证。

（4）尊重研究对象（包括人类和非人类研究对象）。在涉及人体的研究中，必须保护受试人合法权益和个人隐私并保障知情同意权。

（5）在课题申报、项目设计、数据资料的采集与分析、公布科研成果、确认科研工作参与人员的贡献等方面，应遵守诚实客观原则。搜集、发表数据要确保有效性和准确性，保证实验记录和数据的完整、真实和安全，以备考查。公开研究成果、统计数据等，必须实事求是、完整准确。对已发表研究成果中出现的错误和失误，应以适当的方式予以公开和承认。

（6）诚实严谨地与他人合作。耐心诚恳地对待学术批评和质疑。

（7）对研究成果做出实质性贡献的有关人员拥有著作权。仅对研究项目进行过一般性管理或辅助工作者，不享有著作权。合作完成成果，应按照对研究成果的贡献大小的顺序署名（有署名惯例或约定的除外）。署名人应对本人做出贡献的部分负责，发表前应由本人审阅并署名。

（8）不得利用科研活动谋取不正当利益。正确对待科研活动中存在的直接、间接或潜在的利益关系。

1.5 学术不端行为

学术不端行为（英文：academic misconduct）是指在建立研究计划、从事科学研究、评审科学研究、报告研究结果中的：捏造、篡改、剽窃、伪造学历或工作经历。这不包括诚实的错误和对事物的不同的解释和判断。

具体来说，学术不端行为主要有以下几种。

（1）抄袭、剽窃、侵吞、篡改他人学术成果。在学术活动过程中抄袭、篡改他人作品等成果，剽窃、篡改他人的学术观点、学术思想或实验数据、调查结果；违反职业道德利用他人重要的学术认识、假设、学说或者研究计划等行为。

（2）故意做出错误的陈述，捏造数据或结果，破坏原始数据的完整性。伪造、拼凑、篡改科学研究实验数据、结论、注释或文献资料等行为。

（3）伪造学术经历。在评奖、评优、奖助学金评定等申报材料填写有关个人简历信息及学术情况时，不如实报告个人简历、学术经历、学术成果，伪造专家鉴定、证书及其他学术能力证明材料等行为。

（4）成果发表、出版时一稿多投。

（5）未如实反映科研成果。虚报科研成果，或重复申报同级同类奖项，或随意提高成果的学术档次，在出版成果时未如实注明著、编著、编、译著、编译等行为。

（6）不当或滥用署名。未参加科学研究或者论著写作，而在别人发表的作品等成果中署名；未经被署名人同意而署其名等行为；在科研成果的署名位次上高于自己的实际贡献的行为；未经被署名人允许的随意代签、冒签；损害他人著作权，侵犯他人的署名权，将做出创造性贡献的人排除在作者名单之外。

（7）采用不正当手段干扰和妨碍他人研究活动，包括故意毁坏或扣压他人研究活动中必需的仪器设备、文献资料，以及其他与科研有关的财物；故意对竞争项目实施不正当竞争行为。

（8）参与或与他人合谋隐匿学术劣迹，包括参与他人的学术造假，与他人合谋隐藏其不端行为，监察失职，以及对投诉人打击报复。

近年来，全国多所高校不遵守基本学术道德规范而相继卷入学术造假事件。

近年来，学术期刊版权也面临着数字化出版的严峻挑战，侵犯作者版权的抄袭行为、一稿多投、学术期刊出版中的版权约定不合理等问题日益严峻。为此，《保护期刊版权抵制学术不端行为联合宣言》明确指出：期刊版权是知识产权重要部分，学术期刊编辑部应高度重视保护期刊版权；强烈谴责各种侵犯期刊版权的个人行为和团体行为；呼吁网络期刊和数据库尊重作者和期刊编辑部的合法权益，建立一种合法的商业模式和合理的互惠互利机制；依照著作权法等法律处理问题，特别是对抄袭与一稿重复发表等行为零容忍。

习　题

利用前三章所学内容,写一篇关于计算机在化工×××应用方面的综述类论文,字数不限,结构按照科研论文的结构排版。

附录 2　SQL 的安装教程

步骤如下：

1. 先安装 dotnetfx35，双击之后，会出现下图，即可。

2. 在安装 SQL，双击 SQLexe，进行安装，一直 next 下去。

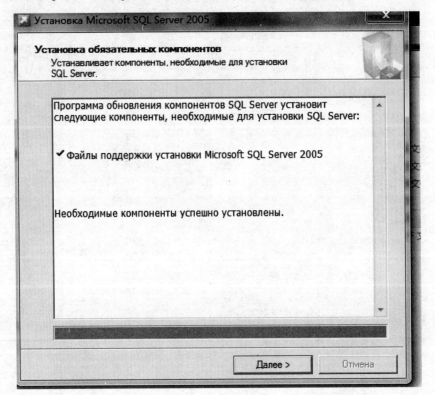

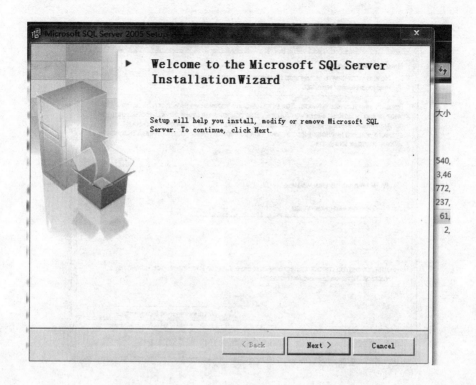

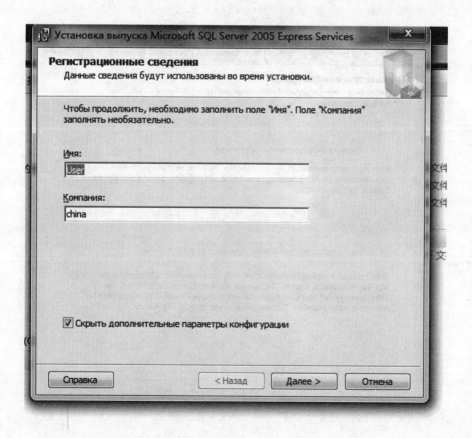

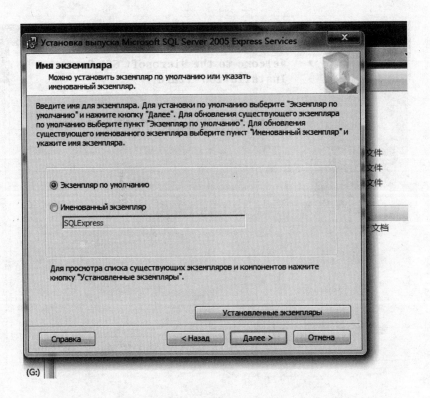

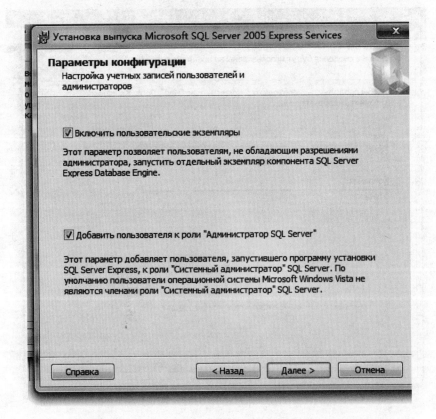

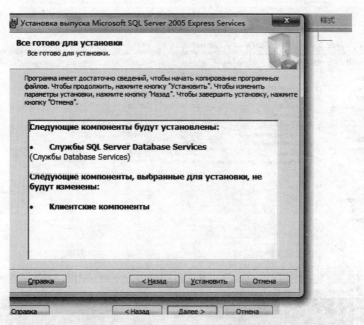

3. SQL 安装完成之后，开始生成证书，双击 Aspen Suite2006_LicGen.exe，待出现 Press any key to continue 之后，将生成的后缀名为 lic 的文件拷贝到 C 盘根目录下面。

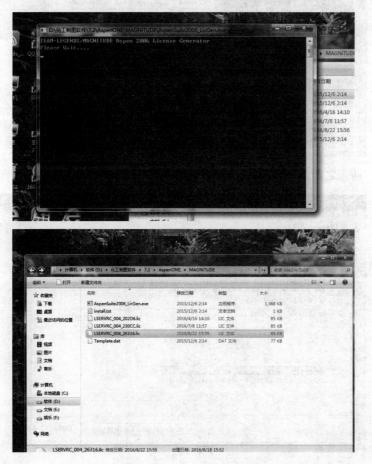

4. 接下来，安装 ASPEN 软件，双击 dvdBrower.exe。

5. 点击下一步。

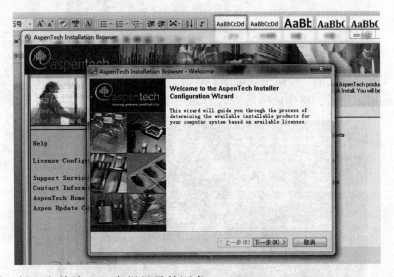

6. 此时，插入之前放入 C 盘根目录的证书。

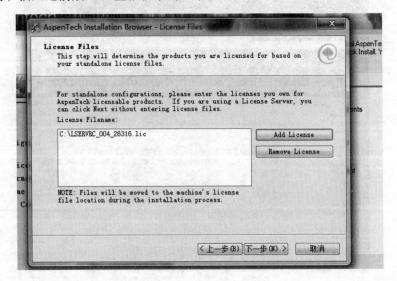

7. 双击 Aspen Engineering。

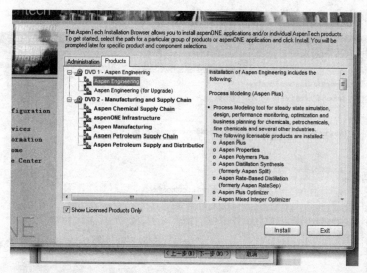

8. 接下来，直接根据指示安装就好。

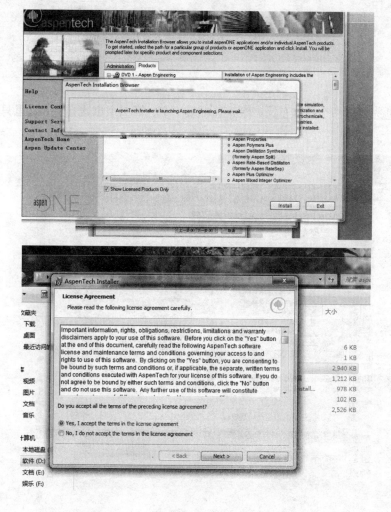

9. 此处，可以选择除开 C 盘以外的其他盘进行安装，前提是需要新建一个以英文命名的文件夹（不能用中文为文件名），再 NEXT。

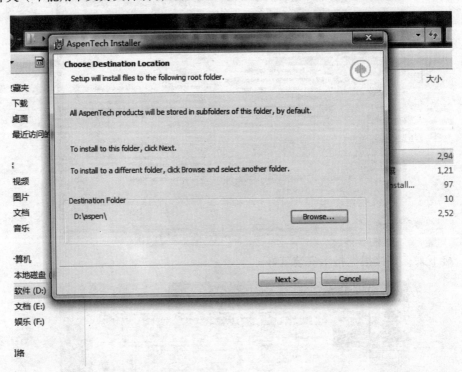

10. 这里选中第一个的红色叉，然后选中第一个，第二个也这样做，这里只需要选择第一个和第二个。

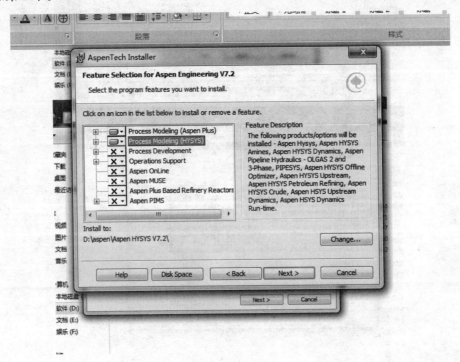

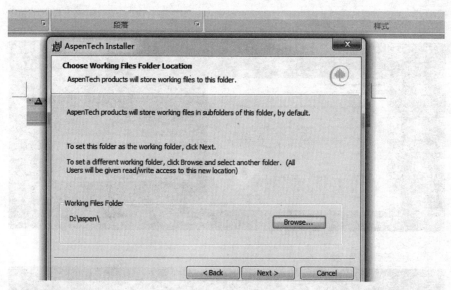

11. 方框处要打钩, 再 next。

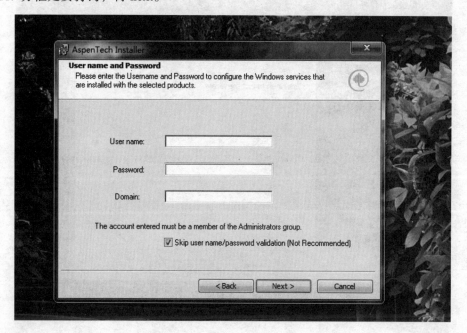

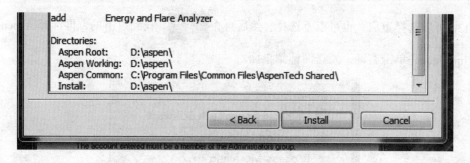

12. 这里需要等待十几分钟。

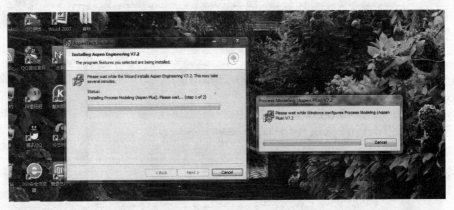

13. 可以选择重启，也可以不选择，然后再在 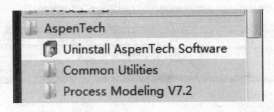，找到以下的，再选择 Aspen Plus

User Interface，单击右键，发送图标到桌面。

第二个文件夹的第一步

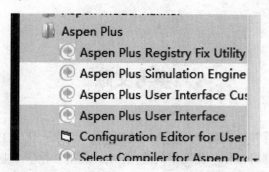

再点 user

14. 打开 ASPEN。

15. 如果打开时，遇到一个英文提醒的方框，则表示，需要修复以下，在到 ![icon]，

找到 ![Process Modeling V7.2] ，再选择以下内容 Aspen Properties Database

Configuration Tester ，单击之后，再单击 start，修复之后，则不会再出现提醒的方框。

![Aspen Properties] 点击之后，会出现下图，再

选择；![Aspen Properties Calculation Eng / Aspen Properties Database Conf] 第二个之后再打开，则完成了。

参考文献

[1] 李谦，等. 计算机在化学化工中的应用[M]. 北京：化学工业出版社，2014.

[2] 方立国. 计算机在化学化工中的应用[M]. 北京：化学工业出版社，2012.

[3] 熊杰明，杨索和. Aspen Plus 实例教程[M]. 北京：化学工业出版社，2014.

[4] 厉玉鸣. 化工仪表及自动化[M]. 北京：化学工业出版社，2015.

[5] 包宗宏，武文良. 化工计算与软件应用[M]. 北京：化学工业出版社，2015.

[6] 孙兰义. 化工流程模拟实训[M]. 北京：化学工业出版社，2015.

[7] 陈中亮. 化工计算机计算[M]. 北京：化学工业出版社，2000.

[8] 赵文元，王亦军. 计算机在化学化工中的应用技术[M]. 北京：科学出版社，2001.

[9] 都健. 化工过程分析与综合[M]. 大连：大连理工大学出版社，2009.

[10] 潘卫华. 大学计算机基础[M]. 北京：人民邮电出版社，2015.

[11] 彭李明. 计算机基础教程[M]. 北京：科学出版社，2015.

[12] 于成龙. Origin8.0 应用实例详解[M]. 北京：化学工业出版社，2010.

[13] 周瑞芬. 化工制图[M]. 北京：中国石化出版社，2012.